# わかる！使える！ ねじ入門

橋村真治 ［著］
Hashimura Shinji

日刊工業新聞社

# 【 はじめに 】

本書の依頼を頂くにあたり、「現場で使えるわかりやすいねじ締結の本を」というリクエストを頂きました。さて「現場で使える」とは、どのような内容にすべきなのだろうか？先に出版した拙著である「トラブルを未然に防ぐ ねじ設計法と保全対策」とは、何を変えればよいだろうか？このようなことに悩みながら、構想を考えてきました。

　ねじ締結については、これまでねじ研究協会やその他の出版社から多く書籍が出版されています。内容的にも、ねじ締結の理論からゆるみや疲労、応用例まで、幅広く網羅されています。それらの本を見ると、著者らのような研究者やねじ締結体の設計者に必要な知識がしっかりと説明されています。一方、実際にねじを締結する作業者やねじ締結の作業をサポートする生産技術者にとって、知っておいた方がよい内容とはちょっと違うような気もします。また、最近ねじ締結で問題を抱えた企業の方から、よく相談を頂きます。その内容は多岐にわたり、著者のような大学教員が直接解決できる内容はその一部でしかありません。しかし相談に来られた方に、解決まではいかなくても糸口を掴んで頂きたい、と思って真剣に相談に応じていると、ある日、結果として著者が回答していることは、毎回「しっかりと締め付けて下さい」と同じ言葉であることに気付きました。しっかりと締め付ける方は、作業者です。したがって、しっかりと締め付ける作業者に、ねじ締結で何が重要かを理解してもらうことは、何より重要であることに今更ながら気付きました。

　本書では、ねじの締結作業者やねじ締結に関連する生産技術者が知っておいた方がよい内容を、著者なりに考えて構成することにしました。ただ書き終えてみると、意識していたほど作業者や生産技術者向けにはなっておらず、職業柄どうしても理屈が多くなってしまいました。その点は、ご容赦頂ければと思います。

　本書は、第1章の「ねじ部品の基礎知識」において、ねじ部品とはどのような種類があるかなど、基礎的な名称や見方について説明します。第2章では「ねじの締結作業のための準備と設計」として、ねじ締結体で起きる破壊やゆるみ、ねじ締結体の特徴について説明します。第3章の「ねじ締結にお

ける問題と対策」では、締付け管理法の概要と、特にトルク法締付けにおける問題点や対策法などを中心に説明しています。

　これらの内容は、現場の作業者やねじ締結現場を支援する生産技術者ばかりでなく、重要なねじ締結体を含む機器の設計を行う若手設計者にも役立つものと思います。本書で取り扱う「ねじ締結」は、ねじ締結の中でも強度上の信頼性を確保する必要があるねじを指します。したがって、とりあえず締まっていればよいだけのねじには、本書で説明することは過剰になるでしょう。本書を通じて、「たかが、ねじ！されど、ねじ！」といわれるねじ部品の大事さを理解頂ければ、著者として何より幸せです。

　本書は、これまで著者に関わって頂いた多くの方々からのご指導やご助言、ご協力の下に出来上がりました。大分大学准教授の大津健史先生と東日製作所 小松 恭一氏には、下読みを頂くとともに貴重な意見を頂きました。また芝浦工業大学大学院 理工学研究科修士課程の井上翔太君、上別府和煕君、師富優君には原稿の準備から下読みで協力を頂きました。また、著者の研究室で共に研究を行った芝浦工業大学の卒業生の方々には、著者の無理なお願いにも快く応えて頂きました。この場を借りて、心より御礼を申し上げます。最後に、本書執筆の機会を与えて頂いた日刊工業新聞社の土坂氏には、深く感謝申し上げます。

　2019年6月

橋 村 真 治

わかる！使える！ねじ入門

# 目　次

はじめに

# 【第1章】
# ねじ部品の基礎知識

## 1　ねじの種類と特徴

- 締結・接合とは・**8**
- ねじとは・**10**
- ねじの種類・**14**
- 締結用ねじ・**16**
- ねじの表記と図示方法・**20**

## 2　鋼製ボルト・ナットの材質と強度

- 応力と引張試験・**24**
- ボルトとナットの強度区分と強度・**28**
- ねじ部品の引張強度と締結時の最大締付け軸力・**32**
- ねじの応力集中・**36**
- ボルト・ナットの表面処理・**38**

## 3　様々な材質のボルト

- ステンレス鋼製ボルトの種類と強度・**40**
- アルミニウム合金製ボルトの種類と強度・**42**
- 非鉄金属製ボルトの種類と強度・**44**

## 4　ねじの基礎知識

- ねじ部品の締付け工具・**46**
- ねじの測定・**50**
- ねじ部品の製造・**52**

# 【第2章】
# ねじの締結作業のための 準備と設計

## 1 ボルト締結における主な問題

- ねじ締結体としての機能・**58**
- ボルトの破損とその原因・**60**
- 締付け軸力がなぜ重要なのか？・**64**

## 2 ねじ締結体の設計

- ねじ締結体の締付け線図（締付け三角形）・**66**
- ねじ締結体の内外力比・**68**
- ねじ締結体に作用する荷重形態・**70**
- ねじ締結体のばね定数・**72**

## 3 ねじのゆるみとは

- 戻り回転を伴わないゆるみ・**74**
- 戻り回転を伴うゆるみ・**78**
- ゆるみを起こさない設計・**80**

## 4 ねじ締結体の疲労強度とは

- 金属疲労とボルト単体の疲労強度・**82**
- ボルト単体の強度とねじ締結体の強度・**86**

## 5 信頼性の高い設計とは

- ねじ締結体の疲労破壊を防止する設計・**90**
- ねじ締結体を設計する上での注意点・**92**

# 【第3章】
# ねじ締結における問題と対策

## 1 ねじ部品の維持

- ねじ締結体を維持する上での問題と課題・**96**
- トルク法締付け・**100**
- ねじ面と座面の摩擦係数・**104**
- ねじ面と座面の摩擦係数の計測・**106**
- ボルトの形状精度の重要性・**110**

## 2 締付け作業のポイント

- トルク法における締付け作業上の注意点・**114**
- 増締めによる締付け確認・**116**

## 3 様々な締付け法

- 回転角法締付け・**118**
- トルク勾配法締付け・**122**
- その他の締付け法・**124**
- 弾性域締付けと塑性域締付け・**126**

## 4 メンテナンスのポイント

- 戻り回転を伴わないゆるみ発生時の処置・**128**
- 戻り回転を伴うゆるみ発生時の処置・**130**
- ダブルナットの締付け法・**132**
- ボルトの疲労破壊が発生した場合の処置・**134**
- ねじ締結体の維持管理の方法・**136**
- ボルトの遅れ破壊・**138**

参考文献・**140**
索引・**143**

【 第 **1** 章 】

# ねじ部品の基礎知識

# 【1】 ねじの種類と特徴

# 締結・接合とは

　めがねや時計などの身の回り品から、鉄道や自動車などの輸送機器、ビルや橋などの建築構造物に至るまで、ほとんどの物は複数の部品で構成されています。それら複数の部品を組み立てるには、ねじや接着剤、溶接のような"くっつける技術"が必要になります。それが「締結・接合」です。

　締結とは、いい直すと「固くつなぎ合わせること」であり、その種類としては、**図1-1**に示すような「ねじ」や「リベット」「かしめ」などが挙げられます。それに対して接合は、締結よりも広い意味で「つなぎ合わせること」という意味で使われます。したがって、締結技術であるねじやリベット、かしめなども接合の一つであり、「機械接合」や「機械的接合」とも呼ばれています。しかし、締結・接合といった場合の接合は、**図1-2**に示すような「接着」や「溶接」などを指す場合が多いかもしれません[1]。

　現在、締結・接合技術は、ものづくりの鍵となる技術として、にわかに注目されています。なぜなら、いかに高強度材料を作っても、それらをしっかりと締結・接合する技術がなければ、その材料の強度を生かすことができず、構造物としての強度や信頼性は向上しないからです。

　さて、以上のような締結・接合技術の中で、本書では「締結」、またその中の「ねじ締結」に絞って説明します。ねじ締結は溶接や接着と異なり、締結される部材（以下、被締結部材）に熱を加えたり、溶かしたり、化学反応をさせたりはしません。したがって、つなぎ合わせる被締結部材の特性を大きく変化させたりはしません。ねじ締結では、被締結部材に締結用の穴を設け、そこにボルトを通してつなぎ合わせます。またねじ締結は、リベットやかしめとは異なり、取り外したり、再度締付けたり、繰り返し使用することができます。そのため、メンテナンスを行う個所への使用に適しています。ただし、使用の仕方によっては、ゆるんでしまい、外れてしまうことが懸念されます。そこで本書では、ねじ締結の適正な使用について説明していきます。

8

第1章 ねじ部品の基礎知識

図 1-1　ねじ締結、リベット、かしめ

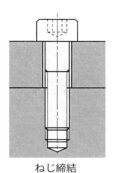
ねじ締結

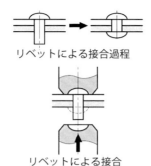
リベットによる接合過程
リベットによる接合

圧着端子のかしめによる接合

図 1-2　溶接と接着 1)

溶接作業

パイプの突合せ溶接

接着剤

要点 ノート

構造物において、"締結・接合"技術は極めて重要な技術です。締結・接合技術の中で、ねじ締結は被締結部材を溶かしたり、化学反応をさせたりせず、繰り返し使用が可能で、メンテナンスが必要な個所への使用に適しています。

9

## 【1 ねじの種類と特徴

# ねじとは

　ねじは、アルキメデスの時代から使用されており、最も古い機械要素の一つです[2]。日本におけるねじの歴史は、種子島の鉄砲伝来からといわれています[3]。このように大昔から利用されているねじですが、その形は大きく変わっていません。基本的には、**図1-3**に示すように、丸棒に三角形を巻き付けてできる「らせん」で形成されます。ねじは、丸棒の外周面に設けたらせんに沿って、**図1-4**のような凸状の山を持つおねじを、丸い穴に凹状の溝を持つめねじにかみ合わせ、回転させることで、回転の動きを直線の動きに変えます。

　図1-3に示す薄い三角形の先端を見てください。これは、らせん状の段に、くさびを打ち込むように見えませんか。実は、まさしく、この「くさび効果」を用いて、小さな力を大きな力に変えているのがねじなのです。図1-3は、三角形を平面で描いているので、くさびの働きをするのは接触している先端のみですが、実際のねじは図1-4のようにいくつものねじ山が連続してかみ合っているので、かみ合っているねじ山のすべてがくさびになります。

　くさびは、昔から小さい力で大きな力を発生させるために使用されます。ねじでは、小さな回転力を大きな直線力に変換します。一般に私たちが使用する外径10 mm程度のボルトは、被締結部材に容易に数tonの力を加えることができます。これは、"らせんによるくさび効果"が生む力なのです。

　さて、ねじの形などについて説明します。本書では締結用のねじの解説が目的ですので、締結用ねじについて説明します。**図1-5**を見てください[4]。これは、ボルトのおねじやナットのめねじの断面を表したものです。一般に締結用のねじとして使用されるねじ山は、正三角形が並んだ形をしています。したがって、ねじ山の先端は60°になっており、ねじ山先端の半分の角度を「フランク角$\beta$」と呼びます。すなわち、通常のねじ山のフランク角$\beta$は30°になります。また図1-5において、一般に締結用ねじの場合、ねじ山は一周回ると、次のねじ山に移動します。これを「1条ねじ」といいますが、このとき隣り合うねじ山との間隔を「ねじピッチ」、もしくは単に「ピッチ」と呼び、一般に$P$で表されます。すなわち、1条ねじのねじ山は一周回って1ピッチだけ移動することになります。

第1章 ねじ部品の基礎知識

## 図 1-3 | 締結用ねじの原理

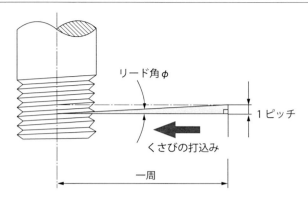

## 図 1-4 | おねじとめねじ

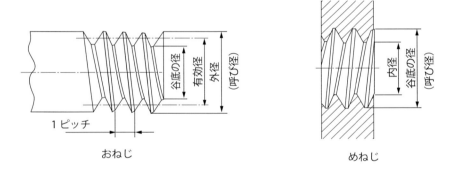

## 図 1-5 | ねじ山の名称

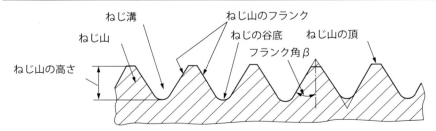

また、ねじ山の先端（頂）は通常平坦になっており、ねじ山とねじ山の間の ねじ溝の谷底は円弧でできています。この谷底の円弧の半径を、一般に「谷底アール（R）」と呼びます。おねじの頂の直径は、ねじの「呼び径」と呼ばれます。谷底の直径を「谷底径」、もしくは単に「谷径」と呼んだりします。なお、ねじの谷底から頂までの高さを「ねじ山の高さ」といいます。

　次に、ナットなどのめねじについて説明します。めねじのねじ山は、おねじのねじ山の上下逆になります。したがってめねじの場合には、ねじ山の頂がめねじの内径となり、めねじの谷底がめねじの外径（谷底径）になります。フランク角$\beta$は、当然ですがおねじと同じです。めねじがおねじとかみ合うには、おねじの呼び径よりもめねじの谷底の径が僅かに大きくなければかみ合いません。したがって、めねじの呼び径は、実際のめねじの谷底の径ではなく、めねじとかみ合うおねじの外径が使われます。

　なお、めねじのねじ山の高さは、めねじの谷底から内側の頂までの高さになります。また、おねじとめねじがかみ合うためには、呼び径が同じで、ねじピッチ$P$とフランク角$\beta$は同じでなければなりません。図1-6に、おねじとめねじがかみ合う「基準のひっかかり高さ$H_1$」を示しています。実体のひっかかり高さ$H_1'$は、ねじ山のせん断強度に大きく影響します。

　さて、おねじとめねじがかみ合ったときに、おねじとめねじがかみ合っているちょうど中心の直径を「有効径$d_2$」と呼びます。おねじの有効径は$d_2$で表され、めねじの有効径は$D_2$で表されます。この有効径が、ねじのかみ合い時の計算の基準になります。ちなみに、有効径の円周の長さは、$\pi d_2$となります。また、ねじピッチ$P$を有効径の円周$\pi d_2$で割って次式で表される$\phi$が、「ねじのリード角$\phi$」と呼ばれます。

### 図1-6　ねじのひっかかり高さ

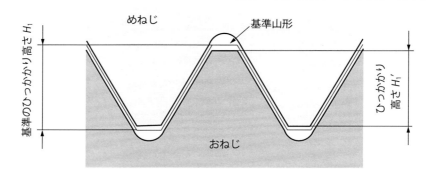

$$\tan\phi = \frac{P}{\pi \cdot d_2} \quad\quad\quad (1\text{-}1)$$

これらの寸法をミリメートル基準で規格化されているねじのことを「メートルねじ」といいます[5]。また、インチで表されたねじは「ユニファイねじ」と呼ばれます[6]。これらは、国際規格ISO（International Organization of Standardization）で規格化されています。日本産業規格であるJISは、基本的にISOに準拠しますので、JISで規格化されたねじは、基本的にISOで規格化されたねじと同じです。メートルねじは、日本をはじめヨーロッパで広く使用されていますが、インチ基準のユニファイねじは、アメリカでよく使用されています。これらのねじは、外観上区別がつかないこともありますが、互いにかみ合いません。その他、インチを使用するねじには、管用ねじがあります。ここで、管用ねじの管用は「くだよう」と読みます。

またねじには、一般的に使用される右回転で進むねじ「右ねじ」に対して、左回転で進む「左ねじ」があります。当然ですが、右ねじと左ねじは全くかみ合いません。

## ミニコラム ● 基準山形 ●

基準山形は、JIS B 0205-1[5]に「軸線を含む断面において、めねじとおねじとが共有する理論上の寸法と角度で定義されるねじの理論上の形状」とされており、ねじの断面形状の基礎となる形状です。具体的形状は下図で表され、JIS B 0205-1はISO 68-1との一致規格です。

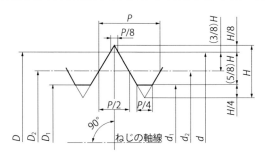

基準山形（JIS B 0205-1[5]より抜粋）

### 要点ノート

ねじ山の形状を表すフランク角やリード角の記号が、近年のJIS改正で大きく変わっています。すなわち、以前は「α」で表していたフランク角が「β」になり、以前は「β」で表していたリード角が「φ」になっています。

# 【1 ねじの種類と特徴

# ねじの種類

　ねじは、前述のように回転運動を直線運動に変えたり、直線運動を回転運動に変えたりすることができます。一般的には、回転運動を直線運動に変える場合がほとんどであり、小さな回転力で大きな直線力を生み出すために使用されます。

　ねじは、大きく「締結用ねじ」と「運動用ねじ」「調整用ねじ」「測定用ねじ」に大別されます。締結用ねじは、**図1-7**に示すように、複数の被締結部材を組み付けるために使用されます。したがって締結した後は、その状態を保持しなければならず、おねじとめねじがかみ合うねじ面にはある程度の摩擦力が必要です。

　それに対して運動用ねじ（ボールねじ）は、**図1-8**に示すように回転運動を直線運動に変換するために使用されます。運動用ねじには、常に動くことが求められるので、かみ合うねじ部に摩擦力が生じないことが求められます。したがって運動用ねじに、図1-8に示すようなボールねじが用いられるのは、ねじ山の接触を転がり接触にして摩擦抵抗を減らすためです。

　調整用ねじは、**図1-9**に示すように、作業台や机、洗濯機の下部などについている、水平を出すためのねじです。ねじは、1回転させても1ピッチ分しか軸方向に進まないので、微調整するために用いられます。

　また**図1-10**に示す測定用ねじも、調整用ねじと同じように、マイクロメータなどにおいて、微妙な動きをさせることで細かな長さを測定する場合に、直線の長さを回転に置き換えて、精密な測定を可能にします。調整用ねじや測定用のねじでは、1回転でのねじの進み量を小さくする方が適しているので、より小さなピッチのねじが使用されます。

　このように、ねじは種類や原理が同じでも、求められる特性によって形状が大きく異なります。また運動用ねじは、用途によって分けられます。送りねじは、各種機械のテーブルの駆動やロボットなどに使用されます。調整用ねじは、身近なところでは洗濯機の水平調整や液晶プロジェクタの高さ調整などで使用されます。測定用ねじは、マイクロメータなどに使用されます。

　どのねじも、基本的には回転の運動を直線の運動に変えることには違いはあ

14

第1章 ねじ部品の基礎知識

りませんが、変換した運動をどのように利用するか、という点で分類されます。

さて、これらの中で、本書で取り扱うのは締結用ねじです。締結用ねじは、ボルトとナットで代表されるように、被締結部材をボルトとナットの間に挟んで締め付けることで、様々な物の組み立てに用いられます。締結用ねじの最大の利点は、締め付けた後にゆるめることができることです。また被締結部材をボルトでクランプする軸方向の力である「締付け軸力」も自由に選ぶことができます。この締付け軸力は、締結用ねじにとって最も重要なパラメータなので、しっかりと覚えておいてください。

| 図 1-7 | 締結用ねじ |

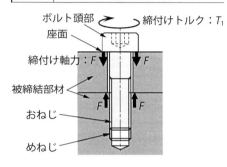

| 図 1-8 | 運動用ねじ ( ボールねじ )[7] |

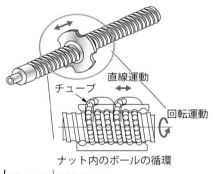

| 図 1-9 | 調整用ねじ |

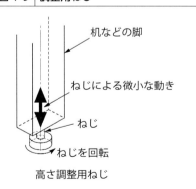

高さ調整用ねじ

| 図 1-10 | 測定用ねじ |

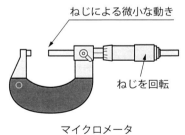

マイクロメータ

**要点 ノート**

ねじは、回転運動を微小な直線運動に変換することができるので、締結用ばかりでなく、運動用ねじ、調整用ねじ、測定用ねじのように、幅広い用途に用いられています。

15

# 【1】ねじの種類と特徴

# 締結用ねじ

　本項では、締結用ねじについて説明します。締結用ねじでは、締結後にどのような環境にさらされるか、何を締め付けるか、によって、種類や考え方が異なります。例えば、木工用のねじでは、木材にねじを切りながら締結する「タッピンねじ」が用いられます。また鉄鋼材料を締結する場合には、一般的にボルトを通す穴を設け、そこに「六角ボルト」を通して、「六角ナット」で締め付けます。詳しい原理や数式を用いた計算は、より詳しい専門書[8]、[9]、[10]にお任せするとして、本書では締結用ねじの種類を簡単に説明します。

　まず、締結用ねじの種類を紹介します。締結用ねじの最も代表的なものは、図1-11に示す六角ボルトと六角ナットです。六角ボルトにおいて、ボルト頭部首下の座面からボルト先端までの長さを「首下長さ$l$」といいます。ねじ部の長さを「ねじ部長さ」、ねじが作られていない部分を「円筒部」といい、その長さを「円筒部長さ」といいます。ねじ部と円筒部の間の、ねじの谷底が徐々に浅くなる不完全なねじの部分は「不完全ねじ部」と呼ばれます。なお不完全ねじ部は、ボルト先端の面取りを施した部分にも存在します。六角ボルトの頭は正六角形であり、六角形の対面の幅を「二面幅」と呼び、二面幅の寸法が締め付ける際のスパナの寸法になります。

　六角ナットは、厚み$m$の六角形の物体の中央にめねじが設けられており、六角ボルトと同様に、二面幅の寸法のスパナで締め付けます。またボルトもナットも同じですが、六角の角部に面取りを施しているタイプと施していないタイプがあります。締結時に被締結部材の座面と接触する部分は、面取りを施している方が、締結の安定性は増します。

　六角ボルトと六角ナットで締結された状態と、六角穴付きボルトを被締結部材に直接締結した状態を図1-12に示します。同図（a）に示すねじ締結は、被締結部材に締結用の穴を設け、そこにボルトを通してナットで締め付けます。これを通常、「ボルト・ナット締結体」、もしくは「通しボルト締結体」と呼びます。これに対して、同図（b）に示すように被締結部材にめねじを設け、別の被締結部材を挟んで、ボルトをめねじに締め付けて締結する「押えボルト締結体」があります。

16

## 図 1-11 | 六角ボルトと六角ナット

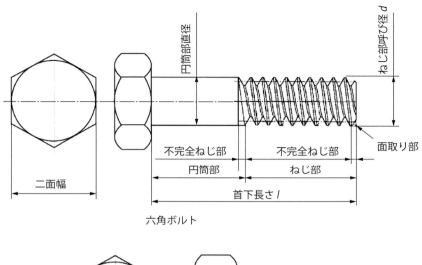

六角ボルト

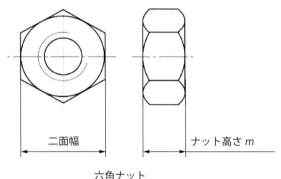

六角ナット

　図1-13のように、六角ボルトの頭部の形や座面の形には様々なタイプがあります。また、六角ボルト以外にも12角の頭を持つ「12ポイントフランジボルト」や、円形の頭部に六角穴を持つ「六角穴付きボルト」などがあります。
　通しボルト締結体において、ボルトの首下からボルトとナットがかみ合い始めるナット座面までの長さを「グリップ長さ$l_g$」と呼びます。押えボルト締結体のようにめねじがナットでない場合には、グリップ長さは、ボルト座面からボルトがめねじとかみ合い始める面まで長さとなります。なお、おねじとめねじがかみ合っている長さを「はめあい長さ$l_e$」といいます。
　またJIS B1111に、プラスドライバやマイナスドライバによって締め付けられ、呼び径がM10以下の「小ねじ（こねじ）」と呼ばれるねじが規定されてい

ます。小ねじの頭の形は、図1-14に示すように、プラスドライバで締め付ける「十字穴」を有するものや、マイナスドライバで締め付ける「すりわり」を持つものがあります。ここで、できるだけ大きなトルクで締め付けたい場合には、十字穴よりもすりわり付きの方が適しています。

図 1-12 | 通しボルト締結体と押えボルト締結体

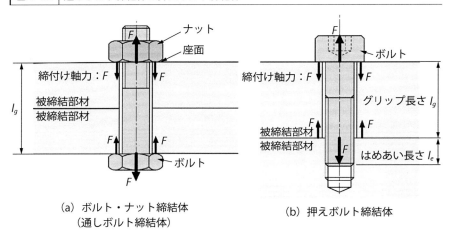

(a) ボルト・ナット締結体
  （通しボルト締結体）

(b) 押えボルト締結体

図 1-13 | ボルトの各種頭部形状 （㈳日本ねじ工業協会、新版ねじ入門書[11]より抜粋）

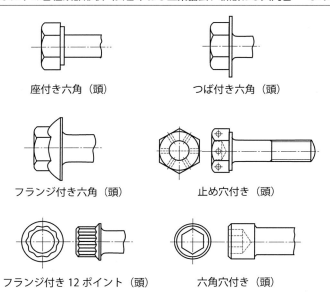

座付き六角（頭）

つば付き六角（頭）

フランジ付き六角（頭）

止め穴付き（頭）

フランジ付き 12 ポイント（頭）

六角穴付き（頭）

第1章　ねじ部品の基礎知識

図 1-14 ｜ 小ねじ頭の形状（㈳日本ねじ工業協会、新版ねじ入門書[11]より抜粋）

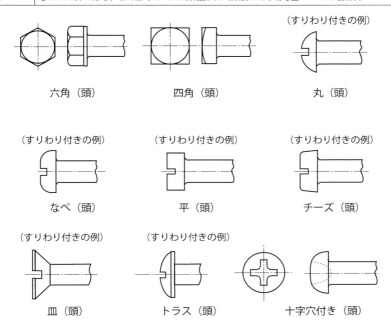

### ミニコラム　● 小ねじ ●

　十字穴付き小ねじは、本田宗一郎氏が海外視察の際にはじめて日本に持ち帰ったとの話をよく耳にします。しかし1938年には、すでに大沢商会がフィリップススクリュー社とライセンス契約をして、日本で生産を開始していたようです。ただし、本田宗一郎氏によってホンダに導入された十字穴付き小ねじが、生産性を飛躍的に向上させたことは紛れもない事実のようです。

文献）出水 力：本田宗一郎とプラス（クロス）ねじ ˆ－ホンダの現場にプラス（クロス）ねじの導入時期を巡って－、大阪産業大学経営論集、Vol.14、No.1、pp.91-103、（2012）

### 要点 ノート

ボルトやナットなどのねじ部品の名称や寸法は、JIS規格によって細部まで規定されています。ねじを取り扱う場合にJISを確認するとよいでしょう。ちなみに、ねじ用語はJIS B0101に記載されています。

## 【1 ねじの種類と特徴

# ねじの表記と図示方法

　ねじの表記方法は、機械系の学科を出た方は必ず機械製図で学ばれたと思います。ボルトであれば、**図1-15**のように示されます。同図には、ねじ先が球状の先端（丸先）の場合とねじ先が平面（平先）の場合の正面図（左側）と側面図（右側）が示されています。

　ボルトのねじ部は、正面図においても側面図においても、ねじ山を一つ一つ描くのではなく、おねじの外径を太い実線で表し、ねじの谷径を細い実線で表します。なお側面図におけるねじ谷底は、らせんになっているために、円周の右上の一部を90°ほど描きません。

　それに対して、めねじの場合は、**図1-16**に示すように、めねじの内径を太い実線で表し、ねじの谷径を細い実線で表します。また側面図におけるねじ谷底（めねじの場合は外径）は、おねじと同様に円周の一部を90°ほど描きません。

　それぞれの寸法の記入法を**図1-17**に示します。ねじ部の表記は、メートルねじの場合、「M」の後にねじ部の呼び径を記載し、その後に並目ねじの場合には首下長さやねじの精度などを記載します。したがって、ねじの呼び径が10 mmのメートルねじで、ねじピッチが並目、首下長さが50 mmの六角ボルトの場合、「六角ボルトM10×50」と記載します。もし、ねじピッチが細目の1.0 mmの場合には、「M10×1.0×50」と記載します。詳しい表記法は、JISや製図法の書籍を参照してください。

　また現在、現場では旧JISと新JISが混在して使用されており、図1-17における「おねじの寸法」と「めねじの寸法1」において、左側が新JISでの記載、右側が旧JISでの記載になります。これらについては、両者を覚えておくといいでしょう。

　図1-17に示す「めねじの寸法2」については、下穴深さやめねじ部の長さを直接書き込んだり（左側）、めねじの入口の線と中心線との交点に矢印を向けて記載する方法（中央）、平面図に記載する方法（右側）があります。中央の図と右側の図において、最初の「M12×16」は、M12のめねじの深さが16 mmであることを示し、スラッシュ後の「φ10.2×20」は、直径10.2 mmの下穴を

第1章 ねじ部品の基礎知識

### 図 1-15 六角ボルトの表記法 [12]

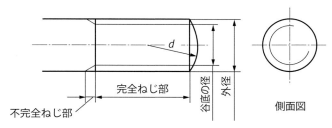

おねじ（ねじ先：丸）

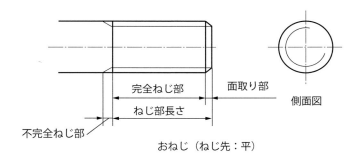

おねじ（ねじ先：平）

### 図 1-16 六角ボルトと六角ナットの略画法

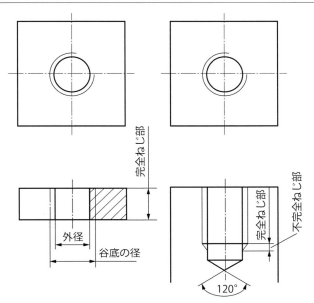

20 mmの深さで開けておくことを意味します。

　ボルトの頭部やナットの形状は、**図1-18**（a）に示すような略画法が用いられます。また同図（b）に、略画法で描かれた植込みボルト締結体と押えボルト締結体、ボルト・ナット締結体を示します。略画法で描く場合の図示寸法は、書籍により若干異なっていたりしますが、もともと実際とは異なる形状を描いているわけですから、その差をそれほど気にする必要はありません。略画法で描かれたボルト頭部およびナットは、実際の寸法よりも大きく描かれます。なぜなら、実際の寸法で書くと手間がかかりますし、実施の寸法よりも小さくなってしまうと、実物でボルトの頭同士やナット同士が干渉して、締結できなくなる可能性があるからです。また一般にボルトやナット、座金は断面図では示しません。もしボルトに加工をする必要がある場合には、部分断面法な

**図 1-17** 六角ボルトの表記法

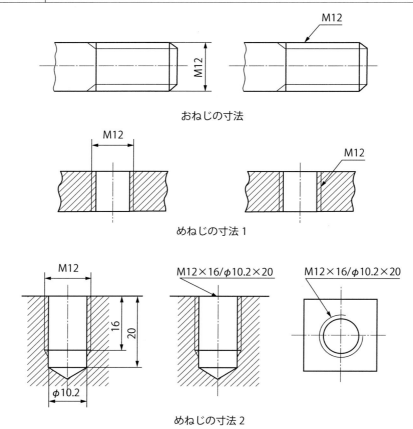

第1章 ねじ部品の基礎知識

どを用いるべきでしょう。図面を描く際に注意して頂きたい点は、**図1-18**（b）における上側と下側の被締結部材の境界の線はボルトを跨がないということです。なぜなら、ボルトは断面にはしないので、被締結部材の境界は見えないからです。ちなみに、同図（b）の植込みボルト締結体は、被締結部材の境界がボルトを跨いでいるように見えますが、これはねじ部の始まりの線が被締結部材の境界と重なっているので、そのように見えるだけです。

**図1-18** 六角ボルトとナットの略画法 [13]

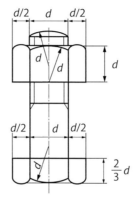

（a）ボルトとナットの略画法

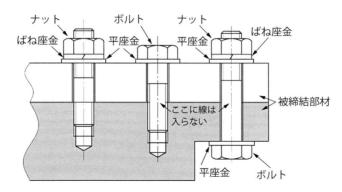

（b）略画法で描かれた植込みボルト締結体、押えボルト締結体、ボルト・ナット締結体

**要点ノート**

機械製図などにおけるボルトやナットなどのねじ部品の図示方法は、ねじ山一つ一つを描くのではなく、ねじ山を略して描画します。描画法については、JIS規格に規定されています。

# 【2 鋼製ボルト・ナットの材質と強度

# 応力と引張試験

　本項では、ねじからちょっと離れて、一般的な材料の強度の考え方について説明します。材料の強度は、物体の中に作用する単位面積当たりの力である「応力」が、材料の持つ限界の値を超えるか超えないかで判断されます。したがって、材料内部のどの面に、どのような力が作用しているのか考える必要があります。

　そこで、まず材料内部で自分が考える面に対して垂直な方向の単位面積当たりの力を「垂直応力」と定義します。また、考える面に対して平行な方向の単位面積当たりの力を「せん断応力」と定義します。垂直応力は、一般に「$\sigma$（シグマ）」で表され、せん断応力は、「$\tau$（タウ）」で表されます。それらの単位は、MPaが用いられます。1 MPaは$1 \times 10^6$ Paであり、Paが力の単位であるNを面積m²で除したN/m²なので、1 MPaは$1 \times 10^6$ N/m²と同じになります。また1 MPaは1 N/mm²とも同じになります。

　**図1-19**の上図に示すように、比較的長い丸棒を$P$という力で引張った場合、引張方向に垂直な中央辺りの断面では、$P$という力が一様に分布します。そのとき、垂直な断面$A$における単位面積当たりの垂直応力$\sigma$は、$\sigma = P/A$となります。それに対して同図の下図に示すようなブロックの断面$A$に平行な力$P$を負荷した場合、断面$A$には$P$が一様に分布します。そのとき、断面$A$に対して平行な単位面積当たりのせん断応力$\tau$は、$\tau = P/A$となります。これらを、ある任意の単位体積に作用する応力として表すと、**図1-20**に示すように、$x$軸に対して垂直な面に垂直応力$\sigma_x$とせん断応力$\tau_{xy}$、$\tau_{xz}$が作用し、$y$軸に対して垂直な面に垂直応力$\sigma_y$と$\tau_{yx}$、$\tau_{yz}$が作用し、$z$軸に対して垂直な面に垂直応力$\sigma_z$と$\tau_{zx}$、$\tau_{zy}$が作用します。ここで、釣合い条件により$\tau_{xy} = \tau_{yx}$、$\tau_{yz} = \tau_{zy}$、$\tau_{zx} = \tau_{xz}$となることを考慮すると、すべての応力は垂直応力$\sigma_x$、$\sigma_y$、、$\sigma_z$とせん断応力$\tau_{xy}$、$\tau_{yz}$、$\tau_{zx}$によって表されます。

　垂直応力やせん断応力以外に、「ミゼスの相当応力」や「主応力」など、様々な応力の呼び方を聞いたことがあると思います。それらの応力の意味を理解するには、材料力学や弾性力学を理解しなければならないので、ここでは説明を省略しますが、それらはすべて$\sigma_x$、$\sigma_y$、$\sigma_z$と$\tau_{xy}$、$\tau_{yz}$、$\tau_{zx}$によって表されます。

| 図 1-19 | 垂直応力とせん断応力の説明図 |

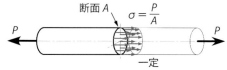

垂直応力：断面 $A$ に垂直な応力

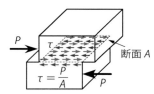

せん断応力：断面 $A$ に平行な応力

| 図 1-20 | 応力成分 |

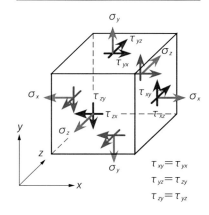

$\tau_{xy} = \tau_{yx}$
$\tau_{yz} = \tau_{zy}$
$\tau_{zy} = \tau_{yz}$

| 図 1-21 | 軟鋼の応力-ひずみ線図 |

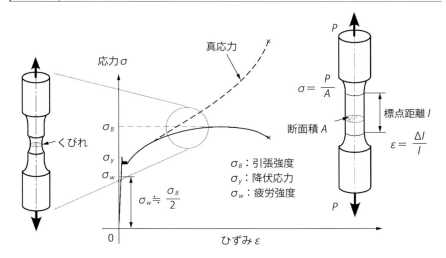

$\sigma_B$：引張強度
$\sigma_y$：降伏応力
$\sigma_w$：疲労強度

　さて、材料の強度を考える場合に、図1-20のようにあらゆる方向に応力を受けていると、複雑になります。そこで材料の強度を評価するために、1方向に荷重を負荷する「引張試験」が行われます。引張試験は、材料を図1-21の右側のように中心を細く一様な断面にした試験片に引張荷重 $P$ を負荷します。そのとき、軸に対して直角な断面 $A$ での垂直応力が一様になる区間の長さを「標点距離 $l$」とし、その部分の伸び $\Delta l$ を測定します。単位長さ当たりの伸び（$\varepsilon$

$=\Delta l/l$）で表される値を「垂直ひずみ$\varepsilon$」として横軸に取り、縦軸に断面$A$における応力$\sigma$を縦軸に取ったグラフが、図1-21のグラフに示す「応力-ひずみ線図」になります。

　応力-ひずみ線図は、横軸に「伸び」、縦軸に「引張荷重」を取ったグラフである「荷重-伸び線図」と同形状になります。しかし、荷重-伸び線図の場合には、試験片の断面積や標点距離の長さが異なると、荷重-伸び線図の形が変わってしまいます。それに対して応力-ひずみ線図は、試験片の断面積や標点距離の長さが異なっても変わらず、一般化されたグラフになります。すなわち、同じ素材のM10のボルトとM12のボルトでは、荷重-伸び線図は異なりますが、応力-ひずみ線図では基本的に同じになるということです。

　図1-21の応力-ひずみ線図は、低炭素鋼の応力-ひずみ線図です。この図からわかるように、引張り始めて最初は、応力がひずみに比例して上昇します。このとき、垂直応力$\sigma$の垂直ひずみ$\varepsilon$に対する傾き（比例定数）が「縦弾性係数$E$」、もしくは「ヤング率」と呼ばれます。縦弾性係数（ヤング率）は、材料によって異なり、材料の変形しにくさを表します。

　図1-21の応力-ひずみ線図において、応力がひずみに比例して上昇した後、応力が一旦急激に低下し、その後細かく上下しながらひずみだけが増加します。応力が、ひずみに対して比例しなくなり急激に低下する応力を「降伏応力」、もしくは「降伏点」と呼びます。この降伏点が明確に表れるのが低炭素鋼の特徴といえます。この降伏点以下では、荷重すなわち応力を取り除くと、材料の変形は元に戻ります。それに対して、降伏点以上まで引張ってしまうと、材料の変形は元に戻らず、「永久ひずみ（塑性ひずみ$\varepsilon_p$）」が残ります。

　降伏点を迎えた後、応力が増加しながらひずみが増加し、応力が最大値を取った後は、応力は減少し、最終的には破断します。応力の最大値を「引張強さ」、もしくは「最大引張強度」といいます。また破断時の伸びを「破断伸び」と呼び、ヤング率や降伏応力、引張強さと並んで、材料の機械的性質の1つとなります。引張強さの後、応力が減少していますが、これは応力が引張強さに至る前から、試験片の断面積が明確に減少し、「くびれ」を生じます。しかし、一般的な応力-ひずみ線図では、くびれが生じても断面積は変わらないものとして、荷重を最初の断面積$A$で割ります。したがって、見かけ上応力$\sigma$が減少しているように見えますが、実際には破線で示すように増加し続けて、応力が最大になって破断します。このときに破断応力を「真破断応力$\sigma_T$」と呼び、最初の断面積に対する破断後の断面積がどの程度減少したかを表す比を「絞り$\phi$」といいます。

　図1-22に、アルミニウムの応力-ひずみ線図を示します。同図を見てわか

るように、応力がひずみに比例して上昇した後、明確な降伏点は現れずに、応力が曲線を描きながら上昇していきます。ここで、図中の$\sigma_{0.2}$まで引張った後、応力を取り除きます。すると、応力とひずみの関係は、ヤング率の勾配に平行に戻っていきます。そこで、応力が0になったときに残っているひずみが永久ひずみ（塑性ひずみ$\varepsilon_p$）になります。アルミニウムなどのように、明確な降伏点が現れない材料では、永久ひずみ（塑性ひずみ$\varepsilon_p$）が0.2％残る応力$\sigma_{0.2}$を「0.2％耐力」といい、降伏点の代わりに設計の基準となる応力として用います。なお、このように明確な降伏点を示さない材料は、アルミニウム以外に、その他の非鉄金属や合金鋼があります。

図 1-22 アルミニウムの応力－ひずみ線図

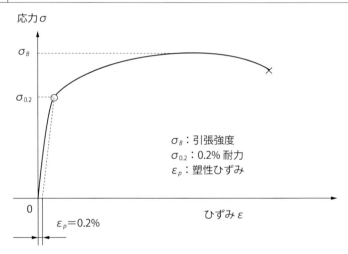

### 要点ノート

ボルトをはじめ、様々な機械部品の強度や変形は、応力とひずみによって評価されます。応力やひずみは、部品の断面積や長さなどに関わらずに評価できますが、詳細まで理解するには十分な勉強が必要です。

## 【2 鋼製ボルト・ナットの材質と強度

# ボルトとナットの強度区分と強度

　鋼製ボルトの強度と機械的性質について説明します。鋼製ボルトの機械的性質は、強度区分とともにJIS B1051に規定されています[14]。**表1-1**に、JIS B1051に規定されている鋼製ボルトの強度区分と、各強度区分におけるボルトの引張強さ$R_m$、0.2％耐力$R_{p0.2}$もしくは下降伏点$R_{eL}$、保証荷重応力$S_p$を示しています。JIS B1051には、試験方法をはじめ、その他の機械的性質が規定されています。

　ボルトの強度区分は、**図1-23**に示すように、ボルト頭部の上面と側面に記載されています。例えば、同図（a）に記載のボルトの強度区分「10.9」では、「10.9」における小数点より左側の数値10の100倍の1000 MPaが呼びの引張強さ$R_m$を表し、小数点とその右側の数値.9が、引張強さ$R_m$（＝1000 MPa）に対する呼びの0.2％耐力、もしくは呼びの下降伏点の割合である900 MPaを示します。また同図（b）に記載のボルトの強度区分「12.9」では、12.9の12の100倍の1200 MPaが呼びの引張強さ$R_m$を表し、その0.9倍の1080 MPaが呼びの0.2％耐力を示します。このように、ボルトの強度区分はボルト頭部の上面と側面に記載されているので、ボルトは頭部を見ただけでその強度を把握することができます。

**表1-1** 鋼製ボルト・小ねじの機械的性質（JIS B1051[14]より抜粋）

| 機械的性質 | | 強度区分 | | | | | | | | | | |
|---|---|---|---|---|---|---|---|---|---|---|---|---|
| | | 3.6 | 4.6 | 4.8 | 5.6 | 5.8 | 6.8 | 8.8 | | 9.8 | 10.9 | 12.9 |
| | | | | | | | | $d \leqq 16$ | $d>16$ | | | |
| 引張強さ $R_m$ (MPa) | 呼び | 300 | 400 | | 500 | | 600 | 800 | | 900 | 1000 | 1200 |
| | 最小 | 330 | 400 | 420 | 500 | 520 | 600 | 800 | 830 | 900 | 1040 | 1220 |
| 下降伏点 $R_{eL}$ or 0.2% 耐力 $R_{p0.2}$ (MPa) | 呼び | 180 | 240 | 320 | 300 | 400 | 480 | 640 | | 720 | 900 | 1080 |
| | 最小 | 190 | 240 | 340 | 300 | 420 | 480 | 640 | 660 | 720 | 940 | 1100 |
| 保証荷重応力 $S_p$ (MPa) | | 180 | 225 | 310 | 280 | 380 | 440 | 580 | 600 | 650 | 830 | 970 |

28

| 第1章 | ねじ部品の基礎知識 |

| 図 1-23 | ボルトの強度区分の表示例（JIS B1051[14]）より抜粋） |

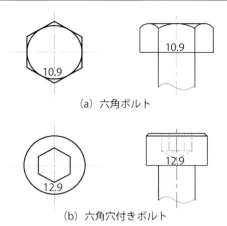

(a) 六角ボルト

(b) 六角穴付きボルト

　ここで、引張強さや0.2％耐力もしくは下降伏点は、ボルトの引張試験によって評価されます。引張試験には、図1-24（a）に示す「削出試験片」による引張試験と、同図（b）に示す「製品状態」で行う引張試験があり、0.2％耐力や下降伏点は、削出試験片による引張試験で求められます。なお、削出試験片は、実物のボルトから削り出して製作されます。

　ここでは詳細な説明は省略しますが、製品状態で行う引張試験における引張強さの算出や、ねじ部の応力の算出の際に用いられるボルトの断面積は、ボルトの谷底の断面積でなく、ねじの有効径$d_2$と、ねじの谷の径$d_3$の中間の値を直径$d_s$とするボルトの有効断面積$A_s$が用いられます。すなわち、ボルトの有効断面積$A_s$は次式で表されます。

$$A_s = \frac{\pi}{4}\left(\frac{d_2+d_3}{2}\right)^2 \tag{1-2}$$

　したがって、強度区分10.9のM10のボルトの場合、$A_s$は58 mm$^2$であり、最大引張荷重は1000 MPa×58 mm$^2$＝58000 N＝5920 kgfとなり、0.2％耐力での引張荷重は58000 N×0.9＝52200 N＝5330 kgfとなります。

　引張強さ$R_m$と0.2％耐力$R_{p0.2}$、下降伏点$R_{eL}$には、表1-1のように、それぞれ「呼び」と「最小」が記載されています。ここで「呼び」とは、強度区分記号の構成上、便宜的に設けられたものであり、おねじ部品に適用する引張強さおよび耐力の最小値は、それらの呼びの値と同じか、それよりも大きく設定されています。また保証荷重応力$S_p$は、製品状態のボルトを用いた保証荷重試験で評価されます。保証荷重試験は、ボルトに規定の保証荷重を負荷して、ボ

29

ルトに永久伸びを生じたかで判定されます。保証荷重は、降伏点の90％前後に設定されており、締付け長さ内に6ピッチ程度の完全ねじ部が含まれるように、おねじ部品をナットまたは治具をはめ合わせて行われます。

　以上のように、ボルトの強度は基本的に引張試験で評価されます。一方、ボルトが用いられる場合には締め付けて用いられます。その違いは、ねじ締結体を使用する上で極めて重要なので、次項で説明します。

　次にナットの強度区分ですが、JIS B1052[11] に規定されており、組み合わせるボルトの強度区分における小数点前の最初の数字と対応するようになっています。ナットの強度は、ボルトと対応するナットで締め付けて、たとえ締め付け過ぎたとしても、ボルトもしくはナットのねじ山で破断するのではなく、ボルトの軸部で破断するように決められています。

**表 1-2** 呼び高さが 0.8d 以上のナットの強度区分およびそれと組み合わせるボルト（JIS B1052[15] から抜粋）

| ナットの強度区分 | 組み合わせるボルト | | ナット | |
|:---:|:---:|:---:|:---:|:---:|
| | | | スタイル1 | スタイル2 |
| | 強度区分 | ねじの呼び範囲 | ねじの呼び範囲 | |
| 4 | 3.6, 4.6, 4.8 | ＞M16 | ＞M16 | — |
| 5 | 3.6, 4.6, 4.8 | ≦M16 | ≦M39 | — |
| | 5.6, 5.8 | ≦M39 | | |
| 6 | 6.8 | ≦M39 | ≦M39 | — |
| 8 | 8.8 | ≦M39 | ≦M39 | ＞M16 ≦M39 |
| 9 | 9.8 | ≦M16 | — | ≦M16 |
| 10 | 10.9 | ≦M39 | ≦M39 | — |
| 12 | 12.9 | ≦M39 | ≦M39 | ≦M39 |

## 図 1-24 | 削出試験片と実物試験片

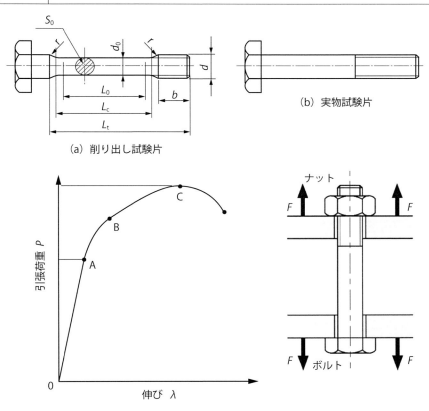

(a) 削り出し試験片

(b) 実物試験片

(c) 荷重-伸び線図

> **要点 ノート**
> 
> ボルトの強度は、ボルト頭部に記された強度区分により、ボルトを見ただけでわかるようになっています。また、ボルトに対応したナットも強度区分で管理されています。

# 【2】鋼製ボルト・ナットの材質と強度

# ねじ部品の引張強度と
# 締結時の最大締付け軸力

　前項で、ボルトの強度区分と機械的性質について説明しました。**図1-24**に示したように、ボルトの強度は引張試験で求められます。しかし、ボルトが実際に使用されるときは締め付けて使用されます。したがって、引張試験の結果で表されるボルトの強度を、そのまま締め付けたときの強度と考えるのは問題です。

　**図1-25**に、ボルトの引張試験の状態と締結状態を示しています。引張試験では、ボルトに引張荷重$P$しか作用していないのに対して、締め付けた場合、ボルトには引張荷重として締付け軸力$F$が作用するのと同時に、ねじりトルクとしてねじ部トルク$T_{th}$が作用します。同図に、ボルトの引張試験の状態と締結状態におけるボルトの伸び$\lambda$に対する引張力$P$（締結の場合は締付け軸力$F$）の関係を示しています。黒色の実線が引張試験の状態であり、グレーの実線がボルトの締結状態を示します。ボルトの締結では、降伏する引張荷重である締付け軸力（A′点）や最大引張荷重である最大締付け軸力（B′点）は、引張試験による降伏する引張荷重（A点）や最大引張荷重（B点）よりもねじ部トルク$T_{th}$の影響により低下します。これはボルトの強度がねじ部トルク$T_{th}$に割かれているためであり、「せん断ひずみエネルギー説（von Mises説）[16]」により説明することができますが、ここでの詳細な説明は省略します。何より、ボルトの強度区分で表される降伏応力や0.2％耐力、最大引張応力が、締結時のボルトの強度を表すものではないことを理解してください。

　ここで、ボルトにねじりトルクとして作用するねじ部トルク$T_{th}$について、詳しい説明は第3章で行いますが、どのようなトルクであるかを簡単に説明しておきます。

　ねじ部トルク$T_{th}$は、締付け時の締付けトルク$T$の中で、ねじ部の摩擦に要するトルクと締付け軸力を生じさせるためのトルクの和で表されますが、$T_{th}$の70％以上はねじ部の摩擦に要するトルクです。したがって、ねじ部の摩擦係数がねじの強度に直接影響を及ぼすことになるのです。すなわち、締付け時のねじ部は、潤滑しないよりも十分に潤滑してねじ部の摩擦係数を下げた方が、ねじの強度を見た目上高くすることができます。しかし、摩擦係数を下げ

第1章 ねじ部品の基礎知識

### 図1-25 引張試験と締結試験におけるボルトの強度

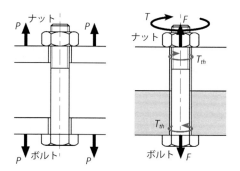

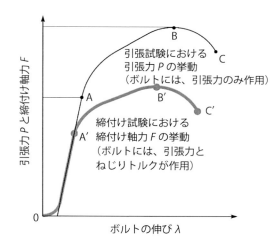

すぎてもゆるみが問題になることもありますので、適切な潤滑油で潤滑することが重要です。

**図1-26**に、ねじ部の摩擦係数$\mu_{th}$と座面部の摩擦係数$\mu_w$を$\mu = \mu_{th} = \mu_w$と同じにして、$\mu$が0.1から0.6まで変化したときに、締付けトルク$T$と締付け軸力$F$の関係がどのように変化し、降伏する締付け軸力$F_{0.2}$がどのように変化するかを示しています。同図において、横軸は締付けトルク$T$、縦軸は締付け軸力$F$を示しています。またそれぞれの斜めの実線が、各摩擦係数$\mu$のときの締付けトルク$T$と締付け軸力$F$との関係を示しています。すなわち、$\mu$がある値で一定であれば、締付けトルク$T$と締付け軸力$F$との関係は、一定の傾きの直線で

33

## 図 1-26 | 摩擦係数に依存する締付け軸力と締付けトルクの関係

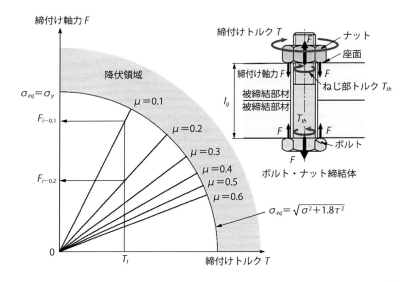

表されることになります。ここで、右上の曲線より外側のグレーで示す部分は、ボルトが塑性変形をしていることを示しています。

図1-26を見ると、摩擦係数$\mu$が大きい場合には、締付けトルク$T$に対する締付け軸力$F$の勾配が低下し、締付け軸力$F$が上がりにくいことがわかります。また、締付け軸力$F$が上がる前に、グレーのゾーンに入ってしまい、ボルトが塑性変形を生じます。それに対して摩擦係数$\mu$が小さい場合には、締付け軸力$F$が上がりやすく、同じ締付けトルク$T$で見た場合での締付け軸力$F$が大きくなることがわかります。通常、鋼製ボルトの場合には、潤滑しなければ$\mu=0.2$〜0.3程度でばらつきが大きく、潤滑すると$\mu=0.1$〜0.2程度で比較的安定します。またチタンボルトなどの場合には、$\mu=0.5$以上になることもあり、頑張って締め付けてもボルトはねじられるだけで、全く締まっていかないということになります（図1-27）。

このように、ねじ締結体を締め付ける場合、ボルトが塑性変形しないようにするためには、強度区分で表される降伏応力もしくは0.2％耐力よりも、小さくなるよう締め付ける必要があります。一般に、ねじ締結体の「適正締付け軸力」は、降伏応力もしくは0.2％耐力の60％〜70％といわれています[17]。これは、ねじ面および座面の摩擦係数を加味すると、ねじ部の断面が塑性変形しない限界よりも少し低い辺りの締付け軸力$F$になります。

| 図 1-27 | ねじ部の摩擦係数 $\mu_{th}$ が大きい場合の締付け時のボルトの様子 |

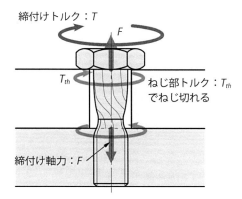

### ミニコラム　● 丸棒に引張りとねじりが作用した場合の組合せ応力 ●

　ボルトのねじ部の強度を考える場合には、ねじ部の有効断面積 $A_s$ と同じ断面積 $A$ を持つ丸棒で考えます。ボルトの締結状態は、断面積 $A$ の丸棒に締付け軸力 $F$ という引張荷重と、ねじ部トルク $T_{th}$ というねじりトルクが作用した状態になります。この丸棒の表面では、引張荷重 $F$ による軸方向の垂直応力 $\sigma = F/A$ と、ねじ部トルク $T_{th}$ によるせん断応力 $\tau = (T_{th} \cdot d)/(2 \cdot I_p)$ が同時に作用した状態です。ここで、$d$ は断面積 $A$ の直径であり、$I_p$ は丸棒の断面2次極モーメントと呼ばれ、直径 $d$ より $I_p = (\pi \cdot d^4)/32$ で表されます。

　ボルトの引張試験では、引張荷重による $\sigma$ しか作用していないのに対して、締結状態では $\sigma$ に加えて $\tau$ が作用しています。したがって、締結状態は $\tau$ の分だけ弱くなります。$\sigma$ と $\tau$ という応力が同時に作用した状態は「組合せ応力状態」と呼ばれ、この状態を理解することは容易ではありませんが、理解してしまえば何ということもありません。$\sigma$ と $\tau$ が同時に作用した状態では、$\sigma$ と $\tau$ で表されるミゼスの相当応力 $\sigma_{eq} = \sqrt{\sigma^2 + 3\tau^2}$ が丸棒の降伏応力を超えたら、丸棒の表面は塑性変形を生じることになります。

### 要点 ノート

ボルトの強度は、JIS に規定されている引張強度を、締付け時の強度としてそのまま適用することはできません。締結時の強度を確保するために、ねじ部をしっかりと潤滑することも重要です。

**【2** 鋼製ボルト・ナットの材質と強度

# ねじの応力集中

　断面積が一様な丸棒を引張った場合、引張方向に対して直角な断面では、一様な引張応力が作用します。しかし、ねじのように丸棒に溝が切ってある場合には、断面で引張応力は一様とならず、溝の底、すなわちねじの谷底で応力が極めて高い状態になります。このような現象を「応力集中」といいます。応力集中部は、一般に破壊の起点となることが知られており、破壊事故の80〜90％は応力集中部で発生するといわれています[18]。

　応力集中の度合いを表す指標として、「応力集中係数$K_t$」が用いられます。通常、引張荷重$P$を、引張方向に対して直角な断面積$A$で割って応力を求めますが、この応力は断面で一様に作用していると考えています。この応力を公称応力と呼び、$\sigma_n$（$=P/A$）で表します。しかし、実際にはねじの谷底で応力は高くなっているわけですから、断面で一様ではありません。そこで、ねじ谷底での最大応力$\sigma_{max}$を$\sigma_n$で除した値$\sigma_{max}/\sigma_n$を応力集中係数$K_t$で表します。応力集中係数$K_t$は、最大応力$\sigma_{max}$が公称応力$\sigma_n$に対して何倍の応力であるのか、ということを表す係数となります。

　図1-28に、ボルト・ナット締結体の2次元軸対象モデルにおいて、FEM解析により算出したボルトのねじ谷底の応力集中係数$K_t$を示しています。この応力集中係数$K_t$は、各ねじ谷底での最大応力$\sigma_{max}$をねじの有効断面積$A_s$での公称応力$\sigma_n$で除した値です。このFEM解析モデルでは、ねじ部をらせん状ではなく、単純な連続切欠きとしてモデル化しているので、実際とは多少異なりますが、ほぼ実際の値と考えて問題ありません。また、一般に「第1ねじ谷底」といわれるボルトとナットがかみ合い始める最初のねじの谷底から、ナットとかみ合っているねじの谷底を順にNo.1〜No.5とし、第1ねじ谷底からボルトの頭部にかけてのねじ底をNo.-1〜No.-7としています。

　図1-28から、第1ねじ谷底における応力集中係数$K_t$は4以上であり、大きな応力集中が生じていることがわかります。また、ねじがかみ合っている部分では、第1ねじ谷底から遠ざかるにつれて、応力集中係数$K_t$が低下しています。したがって、部材の破壊は一般に応力が最も高い部分から発生するので、ねじの破壊の起点の多くは、最大応力が発生する第1ねじ谷底になります。

36

## 図 1-28 ボルトの応力集中係数 $K_t$

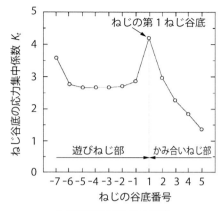

ねじ谷底の応力集中係数

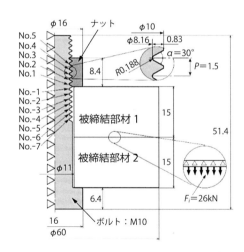

ボルト・ナット締結体の 2 次元軸対象モデル

> **要点ノート**
>
> ボルト・ナット締結体などのねじ部品は、締結時にはおねじとめねじがかみ合い始める第 1 ねじ谷底で、大きな応力が作用します。したがって、通常のボルトは第 1 ねじ谷底から破壊します。

# 【2 鋼製ボルト・ナットの材質と強度

# ボルト・ナットの表面処理

　ねじ部品としても最も多く用いられているボルトやナットでは、耐食性や耐摩耗性、外観をよくするために、様々な表面処理が施されます。ここでは、鋼製ボルトや鋼製ナットの代表的な表面処理である亜鉛めっきとクロメート処理について簡単に説明します。

　ねじ部品の表面処理の代表的なものとして「電気亜鉛めっき」があります[19]。**図1-29**に電気亜鉛めっきの模式図を示します。電気亜鉛めっきは、金属陽イオンを含む溶液中（めっき液）にボルトやナットなどを陰極として浸して、電気的にボルトやナットの表面に亜鉛を析出させる技術です。電気めっきには、防食を目的とした亜鉛めっきや、外観の向上を目的としたニッケルめっきやクロムめっきがあります。その中で亜鉛めっきは、ボルトに広く用いられていますが、そのままでは変色したり、また耐食性も十分ではありません。

　そこで、めっき後にクロメート処理が行われます。クロメート処理は、クロメート処理液を用いて金属表面を不動態化させ、耐食性を向上させます。一般に「ユニクロ」で知られているクロメート処理は、「光沢クロメート」といわれます。最近では、六価クロムが有害で規制対象物質であることから、代替として三価クロムを用いたクロメート処理が行われています。

　電気めっきの他に、「無電解めっき」など様々な表面処理があります。またボルトによく使用されている表面処理として、「黒染め」があります。黒染めは、防錆を目的として鋼製ボルトの表面にち密な四三酸化鉄皮膜を形成させる処理ですが、その性能はそれほど高くはありません。

第 1 章 ねじ部品の基礎知識

図 1-29 | 電気亜鉛めっきの概略図

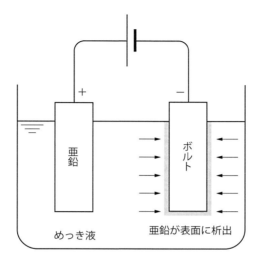

| ミニコラム | ● 異種金属接触腐食 ● |

　近年の機械構造物のマルチマテリアル化に伴って、アルミニウム合金を鋼製ボルトで締結したり、マグネシウム合金をアルミニウム合金製ボルトで締結したりする場合があります。このように、被締結部材の材種とボルトやナットなどの材種が異なる場合に、接触部分が水に触れると、接触部で異種金属接触腐食（ガルバニック腐食）を生じます。ボルト座面と被締結部材が接触する部分で異種金属接触腐食を生じると、腐食によっていつの間にか締付け軸力が低下し、ボルトの破損事故につながる可能性があります。

要点 ノート
最近、カタログなどでねじ部品を見ると、意匠性が考慮されたきれいな色や形のボルトやナットがあります。ねじ部品は、製品の表面に出ることが多いので、機能や強度はもちろんのこと、意外に色や形などの外観も重要な要素なのです。

# 【3 様々な材質のボルト

# ステンレス鋼製ボルトの
# 種類と強度

　食品関係やさびなどの腐食の発生を嫌う場所では、通常の鋼製ボルトではなく、ステンレス鋼製ボルトが使用されます。ねじ締結体に用いられる耐食ステンレス鋼製ボルトの機械的性質は、JIS B1054に規定されています[20]。

　表1-3および表1-4に、JIS B1054の耐食ステンレス鋼ボルトの鋼種区分と強度区分に対する機械的性質を示しています。耐食ステンレス鋼製ボルトには、オーステナイト系、マルテンサイト系、フェライト系の鋼種（鋼種記号A、C、F）と化学成分によって鋼種区分が規定されています。また強度区分は別途規定されており、強度区分は引張強さの最小値の1/10の値で表示されます。したがって、ボルトに「A2-70」という表示が施してある場合には、オーステナイト系ステンレス鋼A2で、引張強さの最小値が700 MPaであることを示します。

　図1-30に、ボルト頭部への表示例を示します。鋼製ボルトと同様に、ボルト頭部を見ることで、ボルトの強度を把握できます。

　また、ステンレス鋼製ボルトとナットを使用する際の注意事項として、一般に摩擦係数が高く、「かじり」などと呼ばれる接触部での凝着を起こしやすいことが挙げられます。食品関係で使用する場合などは、特に潤滑油を使用できないなどの問題があり、よく凝着が問題となります。ステンレス鋼製ボルトのねじ面や座面で凝着を生じると、いくら締め付けてもボルトはねじれるばかり

| 表1-3 | ボルト、ねじおよび植込みボルトの機械的性質<br>（オーステナイト系の鋼種区分（JIS B1054[20]より抜粋）） |
|---|---|

| 鋼　種 | 鋼種区分 | 強度区分 | ねじ径の範囲 | 引張強さ<br>最小<br>(MPa) | 永久伸び0.2%耐力<br>最小<br>(MPa) | 破断後の伸び<br>最小<br>(mm) |
|---|---|---|---|---|---|---|
| オーステナイト系 | A1 | 50 | ≦M39 | 500 | 210 | 0.6d |
| | A2<br>A3 | 70 | ≦M24 | 700 | 450 | 0.4d |
| | A4<br>A5 | 80 | ≦M24 | 800 | 600 | 0.3d |

で、締付け軸力が十分に上がらないので、折角強度が高いボルトを使用しても、無駄になってしまいます。したがって食品関係で使用する場合には、生体に影響を及ぼさない潤滑剤を使用することも考える必要があります。

表 1-4 ボルト、ねじおよび植込みボルトの機械的性質
（マルテンサイト系およびフェライト系の鋼種区分（JIS B1054[20] より抜粋））

| 鋼　種 | 鋼種区分 | 強度区分 | 引張強さ（最小）(MPa) | 永久伸び0.2%耐力（最小）(MPa) | 破断後の伸び（最小）(mm) | 硬さ HB | 硬さ HRC | 硬さ HV |
|---|---|---|---|---|---|---|---|---|
| マルテンサイト系 | C1 | 50 | 500 | 250 | 0.2d | 147~209 | — | 155~220 |
| | | 70 | 700 | 410 | | 209~314 | 20~34 | 220~330 |
| | | 110 | 1100 | 820 | | — | 36~45 | 350~440 |
| | C3 | 80 | 800 | 640 | | 228~323 | 21~35 | 240~340 |
| | C4 | 50 | 500 | 250 | | 147~209 | — | 155~220 |
| | | 70 | 700 | 410 | | 209~314 | 20~34 | 220~330 |
| フェライト系 | F1 | 45 | 450 | 250 | | 128~209 | — | 138~220 |
| | | 60 | 600 | 410 | | 171~271 | — | 180~285 |

図 1-30 ステンレスボルトの強度区分の表示例（JIS B1054 より抜粋）

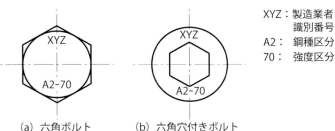

XYZ：製造業者識別番号
A2：鋼種区分
70：強度区分

(a) 六角ボルト　　(b) 六角穴付きボルト

**要点 ノート**

ステンレス鋼製ボルトには、鋼種区分や強度区分が JIS B1054 に規定されています。また、ステンレス鋼製ボルトは摩擦係数が大きくなるので、締付け時は潤滑など注意を払うべきです。

# 【3】様々な材質のボルト

# アルミニウム合金製ボルトの種類と強度

　近年、自動車をはじめとした機械構造物でマルチマテリアル化が求められ、それらを締結するボルトも、被締結部材に合わせた材質が求められています。その中でアルミニウム合金製ボルトは、比重が鉄の約1/3で入手しやすいこともあり、年々その需要は高まってきています。アルミニウム合金製ボルトの機械的性質は、JIS B1057に規定されています[21]。

　表1-5に、JIS B1057に規定されているアルミニウム合金製ボルトの機械的性質を示しています。また表1-5には、それぞれの材質区分に対応するJIS材料の合金記号も併記しています。これらのボルトは、各材質の区分と、ねじの呼び径の区分に対して機械的性質が規定されています。またJIS B1057には、表1-5に示す以外に、ボルトや小ねじのねじり強さについても記載されています。

　ここで、表1-5に示すアルミニウム合金製ボルトについて説明をしておきます。現在、アルミニウム合金製ボルトは研究段階の面もあり、十分に普及しているとはいえません。したがって、表1-5に示すアルミニウム合金製ボルトのすべてが容易に入手できる状況ではありません。特に、高強度のアルミニウム合金製ボルトは強度特性の問題もあり、受注生産になる場合もあります。また、アルミニウム合金製ボルトの静的強度については、JISで規定されていますが、ねじ部および座面部での摩擦特性や、疲労強度特性についてはいまだ研究段階であり、詳細が明らかでないものが多くあります。アルミニウム合金製ボルトの摩擦係数は、同材種であるアルミニウム合金製ナットや被締結部材に締結する場合には、ステンレスと同様に高くなりやすく、凝着などに十分注意を払う必要があります。次項で説明する非鉄金属製ボルトを含め、非鉄金属製ボルトは鋼製ボルトと同じ特性を持つとは考えない方いいようです。

第 1 章　ねじ部品の基礎知識

表 1-5　JIS 非鉄金属製ボルトの強度区分（JIS B1057[21] より抜粋）

| 非鉄金属の区分 | 材質区分記号 | ねじの呼びの区分 | 引張強さ (MPa) 最小 | 耐力 (MPa) 最小 | 伸び (%) 最小 | 対応するJIS材料 |
|---|---|---|---|---|---|---|
| アルミニウム合金 | AL1 | M1.6以上M10以下 | 270 | 230 | 3 | 5052 |
| | | M10を超えM20以下 | 250 | 180 | 4 | |
| | AL2 | M1.6以上M14以下 | 310 | 205 | 6 | 5056 |
| | | M14を超えM36以下 | 280 | 200 | 6 | |
| | AL3 | M1.6以上M6以下 | 320 | 250 | 7 | 6061 |
| | | M6を超えM39以下 | 310 | 260 | 10 | |
| | AL4 | M1.6以上M10以下 | 420 | 290 | 6 | 2024 |
| | | M10を超えM36以下 | 380 | 260 | 10 | |
| | AL5 | M1.6以上M39以下 | 460 | 380 | 7 | 7N01 |
| | AL6 | M1.6以上M39以下 | 510 | 440 | 7 | 7075 |

### ミニコラム　●　アルミニウム合金製ボルトの締結強度　●

　アルミニウム合金製の部品を締結する場合には、異種金属接触腐食や線膨張係数差による影響などを考慮すると、アルミニウム合金製ボルトで締結した方がよい場合があります。一方、アルミニウム合金同士が接触する場合の摩擦係数は、鉄鋼材料同士が接触する場合に比べて大きくなります。図に、アルミニウム合金 A5056 製ボルトの引張試験における最大荷重 $Q_u$ と降伏荷重 $Q_{0.2}$ に対して、アルミニウム合金 A5056 製ボルトを各潤滑剤で潤滑して締結した場合の最大締付け軸力 $F_u$ と降伏締付け軸力 $F_{0.2}$ を示しています。この図を見ると、無潤滑で締結した場合は、引張試験の半分まで $F_u$ や $F_{0.2}$ が下がり、ポリイソブチレン（PIB）や二硫化モリブデン（$MoS_2$）グリースで潤滑すると、$F_u$ や $F_{0.2}$ をかなり改善できることがわかります。したがって、アルミニウム合金製ボルトを用いて締結する場合には、適切な潤滑剤を選ぶことは重要です。

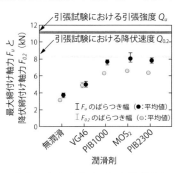

アルミニウム合金 A5056 製ボルトの引張強度と締結強度

### 要点　ノート

- アルミニウム合金製ボルトの機械的性質は、JIS B1057 に規定されています。
- アルミニウム合金製ボルトの強度特性は、鋼製ボルトとは様々な面で異なるので、使用の際には十分に調査を行う必要があります。

## 【3 様々な材質のボルト

# 非鉄金属製ボルトの種類と強度

　表1-6に、JIS B1057に規定されている銅および銅合金の機械的性質を示しています[21]。また、各材質区分に対応するJIS材料の合金記号も併記しています。銅および銅合金製ボルトは、比重が高いこともあって使用個所が限られますが、熱伝導性、耐食性に優れており、家庭用のフックなどから自動車の端子固定用ねじまで広く使用されています[22]。

　前項のアルミニウム合金製ボルトや、銅合金製ボルト以外の非鉄金属製ボルトとしては、近年マグネシウム合金製ボルトが開発されています。マグネシウムは、実用金属中で最も軽く、比強度も高いことからボルト材として期待されています。一方、マグネシウム合金AZ31では100℃以下の温度であってもクリープの問題が大きく、使用範囲が限られます。しかし、マグネシウムはねじ面や座面での摩擦係数が小さい上、振動吸収性が高いので、ねじ締結体としての締結特性は優れており、難燃性マグネシウム合金AZX912製のボルトについては、常温で使用する範囲では、ねじ部品として十分に使用が可能であると考えられます[23]。

　その他、純チタン製ボルトやチタン合金Ti-6Al-4V製ボルトなども販売さ

**表1-6　JIS 非鉄金属製ボルトの強度区分（JISB1057[21] より抜粋）**

| 非鉄金属の区分 | 材質区分記号 | ねじの呼びの区分 | 機械的性質 | | | 対応するJIS材料 |
| | | | 引張強さ(MPa) | 耐力(MPa) | 伸び(%) | |
| | | | 最小 | 最小 | 最小 | |
| 銅 | CU1 | M.6以上M39以下 | 240 | 160 | 14 | C1100 |
| 銅合金 | CU2 | M1.6以上M6以下 | 440 | 340 | 11 | C2700 |
| | | M6を超えM39以下 | 370 | 250 | 19 | |
| | CU3 | M1.6以上M6以下 | 440 | 340 | 11 | C3603 |
| | | M6を超えM39以下 | 370 | 250 | 19 | |
| | CU4 | M1.6以上M12以下 | 470 | 340 | 22 | C5191 |
| | | M12を超えM39以下 | 400 | 200 | 23 | |
| | CU5 | M1.6以上M30以下 | 590 | 540 | 12 | - |
| | CU6 | M6を超えM39以下 | 440 | 180 | 18 | C6782 |
| | CU7 | M12を超えM39以下 | 640 | 270 | 15 | C6191 |

第1章 ねじ部品の基礎知識

れており、耐食性を必要とする個所や生体内のインプラントで使用されています。表1-7に純チタン製ボルトおよびナットの機械的性質を示し、表1-8にTi-6Al-4Vチタン製ボルトおよびナットの機械的性質を示します。他の非鉄金属製ボルトに比べると、かなり強度が高いことがわかります。ここで、純チタン製ボルトやチタン合金製ボルトを使用する上で注意すべき点として、純チタン製ボルトやチタン合金製ボルトは、アルミニウム合金製ボルトよりも摩擦係数がさらに高く、ねじ面や座面で凝着摩耗を起こしやすい特徴があります。したがって、可能であれば使用の際に表面処理を施すなどの検討した方がよいかもしれません[23]。

**表 1-7** 純チタン製ボルトおよびナットの機械的性質（FRS9901A より一部抜粋[24]）

| ねじ部品の区分 | 機械的性質 | | 強度区分 | | | |
| --- | --- | --- | --- | --- | --- | --- |
| | | | Ti 1 | Ti 2 | Ti 3 | Ti 4 |
| ボルト | 引張強さ $R_m$ (MPa) | 最小 | 270 | 340 | 480 | 550 |
| | 0.2%耐力 $R_{p0.2}$ (MPa) | 最小 | 165 | 215 | 345 | 485 |
| | 破断後の伸び $A$ mm | 最小 | 0.2d （dは、ねじの呼び径） | | | |
| | 硬さ HV | 最小 | 100 | 150 | 180 | |
| ナット | 保証荷重応力 $S_p$ (MPa) | | 270 | 340 | 480 | 550 |
| | 硬さ HV | 最小 | 100 | 110 | 150 | 180 |

**表 1-8** Ti-6Al-4V チタン製ボルトおよびナットの機械的性質（FRS0701 より一部抜粋[25]）

| ねじ部品の区分 | 機械的性質 | | 強度区分 | |
| --- | --- | --- | --- | --- |
| | | | TA60 | TA60E |
| ボルト | 引張強さ $R_m$ (MPa) | 最小 | 895 | 825 |
| | 0.2%耐力 $R_{p0.2}$ (MPa) | 最小 | 825 | 755 |
| | 保証荷重応力比 $S_p / R_p0.2$ | | 0.90 | 0.90 |
| | 保証荷重応力 $S_p$ (MPa) | | 745 | 680 |
| | 破断後の伸び $A$% | 最小 | 10 | 10 |
| | 硬さ HV | 最小 | 30 | 25 |
| ナット | 保証荷重応力 $S_p$ (MPa) | | 895 | 825 |
| | 硬さ HV | 最小 | 30 | 25 |

**要点 ノート**

アルミニウム以外の非鉄金属製ボルトの強度は、銅および銅合金が JIS B1057 に規定されていますが、それ以外は JIS での規格化はされていません。しかし、マグネシウム合金製ボルトなど新たなボルトが開発されています。

# 【4】ねじの基礎知識

# ねじ部品の締付け工具

　ねじを締め付ける際に使用する工具は、大まかに**表1-7**に示すような工具があります。基本的には、ねじ部品を回転させるための工具であり、使用する工具はボルトの頭やナットの形状で決まります。

　表1-7には、代表的な工具の名称と、それを用いて締め付けるねじ部品を示しています。一般に、ねじ締め工具として知られるドライバには、**図1-31**に示す十字穴付き小ねじを締め付けるプラスドライバと、すりわり付き小ねじを締め付けるマイナスドライバがあります。

　プラスドライバは、尖った先端を十字穴の中心に挿入するので、ドライバがずれることは少なく、締め付けやすい工具です。それに対してマイナスドライバは、一文字の平坦な先端をすりわりに挿入するので、プラスドライバに比べて、すりわりの中心とドライバの中心が合いにくく、締め付けにくいのが特徴です。しかし、プラスドライバよりも大きなトルクで締め付けることが可能です。どちらにしても、締付け時に十字穴やすりわりからドライバが抜けやすく、十字穴やすりわりを塑性変形で壊しやすいので、十字穴やすりわりの大きさに合わせたものを選び、しっかりとボルトを軸方向に押し付けるようにして締め付けることが肝要です。

　六角ボルトや六角ナットを締結する場合に用いられる「スパナ」は、ボルトもしくはナットの二面幅に合わせたものを用いて締め付けます。もちろん、ドライバよりも大きなトルクで締め付けることができます。ただ、二面幅にしっかりとスパナを合わせて締め付けないと、小さなボルトの場合には、ボルトの頭やナットを塑性変形させてしまう場合があります。そのため、六角の角をしっかり押さえて締め付ける工具である「めがねレンチ」は、六角ボルトの頭やナットにしっかりとトルクを伝達することができます。

　また、スパナやめがねレンチを用いて締め付ける際、**図1-32**に示すように、締め付ける方向に$Q$という力を作用させて、ボルトにトルクを作用させます。そのとき、ボルトにはトルク以外に、$Q$の方向に$Q$という大きさの力作用するので、ボルトは$Q$方向に倒れます。このボルトの倒れが、正確な締付けを行う場合の妨げとなります。したがって、正確な締付けを行う場合には、締付

第1章 ねじ部品の基礎知識

表1-7 締付け工具の種類

| 締付け工具 | 締付け対象 |
|---|---|
| プラスドライバ | 十字穴付き小ねじ |
| マイナスドライバ | すりわり付き小ねじ |
| スパナ | 六角ボルト、六角ナットなど |
| めがねレンチ | 六角ボルト、六角ナットなど |
| モンキーレンチ | 六角ボルト、六角ナットなど |
| 六角レンチ | 六角穴付きボルトなど |
| トルクレンチ | 六角ボルト、六角ナット、六角穴付きボルト、ヘクサロビュラ穴付きボルトなど |
| モーターレンチ（イギリスレンチ） | 六角ボルト、六角ナットなど |
| ヘクサロビュラレンチ | ヘクサロビュラ穴付きボルトなど |
| ヘクサロビュラドライバ | ヘクサロビュラ穴付きボルトなど |
| フックレンチ | フックレンチで締め付けるねじ部品 |
| ナットランナ | 六角ボルト、六角ナット、六角穴付きボルト、ヘクサロビュラ穴付きボルトなど |

けの際にボルトの頭を、$Q$とは逆方向に$Q$と同じ大きさで押してやると、ボルトには偶力のみを負荷することができます。

　スパナやめがねレンチは、人間の感覚で締付けを行います。しかし、正確な締付けを行う場合には、締付け時に$Q$によりボルトを回転させるトルクや、ボルトを締め付ける回転角を正確に管理して締め付ける必要があります。

　図1-33に、締付け管理に最も広く使用されるトルクレンチの写真を示します。基本的に表1-7に示す専用工具で、所定のトルクで締め付けたり、締付けトルクを測定したりするものです。ただトルクレンチも、トルクレンチに手をかける位置や設定トルク値になった際に速やかに停止するなど、正確に使用を行わなければ、折角の機能も無駄になります。また、スパナやめがねレンチと同じように、偶力のみをボルトに伝えて締め付けるようにすることは重要です。図1-33に示すように、できるだけボルトに偶力のみを伝える両腕式のトルクレンチもあります。

47

### 図 1-31　ドライバ

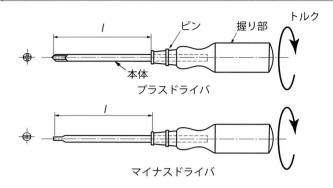

プラスドライバ

マイナスドライバ

### 図 1-32　スパナによる締付け

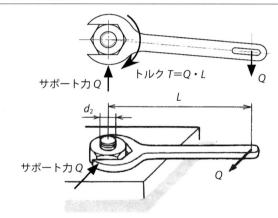

スパナによる締付け

第1章 ねじ部品の基礎知識

図 1-33 | 各種トルクレンチ（株式会社東日製作所提供）

一般的なトルクレンチ

メモリ式トルクレンチ

デジタル式トルクレンチ

めがね付きトルクレンチ

両腕式トルクレンチ

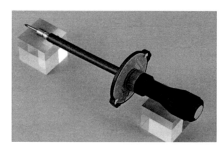

トルクドライバ

---

**ミニコラム　●　最も大事なのは締付けトルクではなく締付け軸力　●**

　図1-33に示す各種トルクレンチは、極めて高い精度を持っています。したがって、これらのトルクレンチを用いることで、ねじ部品を正確なトルクで締付けることは可能です。しかし、ねじ締結体にとって最も管理しなければならないのは、締付けトルクではなく締付け軸力です。詳しくは第3章で説明しますが、締付けトルクを管理したから大丈夫！とはいかないのがねじ締結体です。

---

**要点 ノート**

締付け工具には、ボルトやナットの大きさ、形状に応じて様々な形状のものが準備されています。また、できるだけ締付け作業を正確に行うためには、トルクレンチが用いられます。

49

# 【4 ねじの基礎知識

# ねじの測定

　ねじの形状を測定することは、ねじの品質を管理する上で極めて重要です。一方、おねじの呼び径（外径）や首下長さの測定、めねじの内径や深さなどは、ノギスなどで比較的容易に測定することができます。

　ねじの有効径はねじ山の途中であり、測定することは容易ではありません。そこで用いられる方法が、図1-34に示す「ねじゲージによる測定」、図1-35に示す「三針法による測定」と「有効径マイクロメータによる測定」です。

　ねじゲージによる測定では、ねじの寸法が公差寸法内に入っているかを判断します。図1-34の上図に示すナットのめねじを測定する場合、めねじの最大径のおねじ（止まりねじ側プラグゲージ）と、めねじの最小径のおねじ（通りねじ側プラグゲージ）をナットに通して、止まりねじ側プラグゲージがめねじに通らずに、通りねじ側プラグゲージがめねじに通れば、そのナットのねじの寸法は合格という判断をします。

　またおねじの場合には、図1-34の下図のように、おねじの最大径のめねじ（通りねじ側リングゲージ）と、おねじの最小径のめねじ（止まりねじ側プラグゲージ）におねじを通して、通りねじ側リングゲージにおねじが通り、止めねじ側リングゲージにおねじが通らなければ、そのおねじの寸法は合格となります。

　それに対して、三針法による測定と有効径マイクロメータによる測定では、具体的な寸法を測定します。三針法では、ねじ溝に高精度の丸棒を図1-35の左側のように挟んで、その外側の径をマイクロメータで測定します。当然ですが、マイクロメータでの読み値が有効径になるわけではなく、マイクロメータでの読み値から換算します。なお、なぜ三針で行うかというと、二針だとマイクロメータが傾いてしまい、測定長さが変わるからです。

　また有効径マイクロメータでは、図1-35の右側のように、マクロメータの測定子の一方がねじ溝に入り、その両側のねじ面と接触します。またもう一方の測定子が、2つのねじ溝に入り、溝の両側のねじ面に接触し、測定子間の長さを測定します。このマイクロメータは、あらかじめ読み値が有効径になるように設定されているので、比較的容易に測定が可能です。

第 1 章 ねじ部品の基礎知識

図 1-34 | ねじゲージによる測定 [26]

ナットめねじ部の測定

プラグゲージ

ボルトおねじ部の測定

リングゲージ

図 1-35 | おねじの有効径測定 [27]

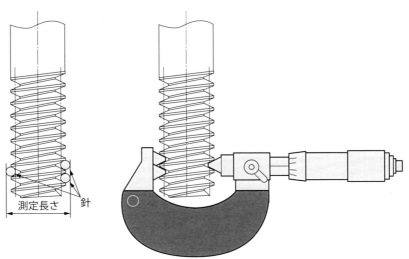

三針による測定　　マイクロメータによる測定

**要点 ノート**
おねじやめねじの有効径の測定は、一般的なマイクロメータでは測定できません。三針法による測定や有効径マイクロメータによる測定が必要です。

# 【4】ねじの基礎知識

# ねじ部品の製造

　ねじ部の加工法は、主に切削加工と転造加工に分けられます。ねじの切削加工は、図1-36のようにタップやダイスを用いて手動で加工したり、図1-37のようにバイトを用いて旋盤で行ったりします。基本的には、ねじ溝の部分を切削工具で除去加工します。それに対して転造加工は、図1-38のように平ダイスや丸ダイスで丸棒を挟み込み、丸棒に大きな圧縮力をかけつつ、丸棒を転がしながら行う塑性加工です[28]。

**図1-36** ダイスによるおねじ切りとタップによるめねじ切り

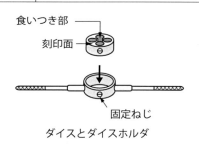

ダイスとダイスホルダ

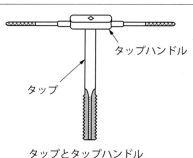

タップとタップハンドル

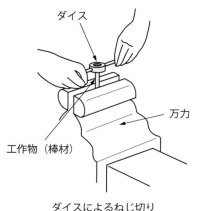

ダイスによるねじ切り

タップによるねじ切り

| 第1章 | ねじ部品の基礎知識 |

| 図 1-37 | 旋盤によるおねじとめねじの加工 |

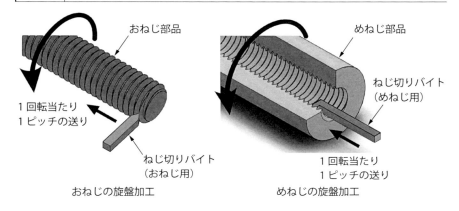

| 図 1-38 | 平ダイスによるねじ転造 |

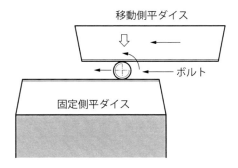

　切削加工と転造加工の違いは、加工法だけではなく、強度や精度も変わってきます。一般に市販されている量産のボルトのねじ部は、転造加工で作られています。それに対して、ある機械部品の一部として、軸の先端にねじを設ける場合などは、その部品の機械加工と同時に、旋盤により切削加工でねじが作られます。

　図1-36に示す手動でおねじを加工する場合、まずねじの呼び径と同じ外径の丸棒部を準備し、ねじの呼び径のダイスをダイスハンドルに取り付けます。ダイスを丸棒の先端に押し付け、ダイスが丸棒に対して直角になるように注意しながら、ダイスハンドルを回していきます。その際、ある程度ダイスが丸棒に食いついていくまでは、ダイスが傾かないように十分注意して回転させます。その後は、加工部に切削油をかけながら180°程回転させて45°程戻し、切り粉を排出します。この回転して戻す動作を繰り返しながら所定の長さまでお

ねじを加工して完了です。

　手動でめねじを加工する場合は、まずめねじを設ける部分に、加工したいめねじサイズの下穴をドリルで開けます。下穴を開ける際、めねじは下穴に沿って加工されるので、傾いたりしないように注意します。その後、図1-36の右図のようにタップハンドルにタップを取り付け、下穴の入口にタップを差し込みます。タップが傾かないように気をつけて、下穴にタップを押し付けながらタップハンドルを回転させます。タップが下穴に食いつくまで、タップが傾かないように気をつけて、ある程度タップが入った時点で、おねじ加工と同じように、加工部に切削油をかけながら180°程回転させて45°程戻し、切り粉を排出します。この回転と戻す動作を繰り返しながら、所定の長さまでめねじ加工して完了です。なお、一般にタップには、粗タップ、中タップ、仕上げタップがあり、粗タップから順番に仕上げタップまでタップを通します。

　次に、図1-37に旋盤によるねじ切り加工の様子を示しています。旋盤によるおねじ加工では、ボルトの呼び径と同じ外径の丸棒を、ねじ切りバイトで切削して加工します。おねじ加工の際、加工物が1回転する間にバイトが1ピッチ進むように送りを設定しておき、バイトを加工物に切り込んで、送りながら加工します。所定の位置まで加工した後、旋盤を逆回転させて、最初の位置までバイトを戻します。このとき、送りハンドルを動かすとバイトの位置がずれてしまいますので、決して送りハンドルには触れないようにしてください。その後、所定の深さまでバイトを切り込んで加工して完了です。

　旋盤によるめねじ加工は、図1-37の右側に示すように、円筒の内側を内径バイトを使用して加工します。加工の要領は、おねじもめねじも同じですが、めねじを加工する際の円筒の内径は、めねじの下穴径と同じにしておきます。

　図1-38に示す図は、平ダイスによる転造ねじの加工状態です。平ダイスは、ブロックの一面に斜めに加工したねじ山が並んだものです。ねじ山の転造加工は、切削加工と異なって外径を削るわけではありません。丸棒の外径に、平ダイスを押し付けて塑性加工するので、ダイスのねじ山が押し付けられている部分の間（ねじ山の頂）は、ダイスで盛り上げられます。すなわち、おねじのねじ溝ができると同時に、その部分の体積がねじ山頂先端に移動してねじ山を形づくります。したがって、おねじを加工する丸棒は、おねじの呼び径よりも小さい直径のものを準備します。ダイスを、図1-38のようにスライドさせることで、ダイスのねじ山が丸棒に転写されて、おねじが完成します。

　ここで、切削ねじと転造ねじのねじ山の強度は、明らかに転造ねじの方が高くなります。その理由について説明しておきます。転造で作成するボルトは、材料が軸方向に引き伸ばされた「線材」と呼ばれる材料を切り出して、まず頭

# 第 1 章　ねじ部品の基礎知識

部を冷間で圧造加工した後、ねじ部を転造します。したがって、転造する丸棒部分の組織の流れは、線材の軸方向に真直ぐ流れています。その状態で転造加工するので、加工後のねじ部の組織は、**図 1-39** の左側に示すように、ねじの谷底部で組織が密になり、ねじ山に沿って組織がカーブを描きます。それに対して切削加工の場合には、ねじ溝をバイトやその他の工具で除去して加工するので、同図の右側のように、組織の流れは切断されてしまいます。そのため、転造ねじの方が、切削ねじよりもねじ山のせん断強度が高くなります。ただ、切削加工の場合には、軸や座面などを加工した状態から取り外すことなくねじ部を加工できるので、ねじ部品の精度としては確保しやすいという利点があります。

なお、量産の転造ボルトの頭は、通常圧造により六角形に成形（アプセットボルト）したり、鍛造で頭部を作成してトリマにより六角形（トリムドボルト）に打ち抜いて成形する場合があります。

**図 1-39　切削と転造の組織の流れ**

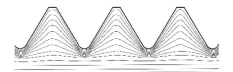
転造による組織の流れ

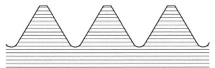
切削加工による組織の流れ

---

**ミニコラム　● ねじの転造技術 ●**

ねじの転造には、図 1-38 に示した平ダイスの他に、2軸丸ダイス式転造やプラネタリ式転造、3軸丸ダイス式転造などがあります。転造技術が進歩したことで、ねじ部品の精度が向上するばかりでなく、価格も大きく下がり、1本が数円以下というボルトもあります。しかし、そのように安価なボルトであっても、不良品は許されません。ねじ製造メーカーには、高い品質管理が要求されています。

---

**要点｜ノート**

おねじとめねじの加工は、タップやダイスによる手動加工と、旋盤や転造機械による加工があります。手動加工と旋盤による加工は除去加工であり、転造は塑性加工になるので、転造加工の方が強度は高くなります。

【 第**2**章 】

# ねじの締結作業のための
# 準備と設計

# 【1 ボルト締結における主な問題

# ねじ締結体としての機能

　ねじ締結における主な問題は、ねじ締結体としての機能を満たさないことです。機能を満たさないとは、一体どのようなことでしょうか。それは、何を目的に締結しているか、ということで決まってきます。

　ねじ部品には、しっかりと固定することが求められる場合や、軽く止めておくことが求められる場合があります。しっかりと固定することをねじ締結体の目的だとすると、ねじ締結体としての機能を満たさなくなる問題としては、主に「締付け時の締付け軸力不足」「ゆるみによる締付け軸力の低下」「疲労破壊」の3つが挙げられます。

　第1章で話しましたが、ねじ締結における最大の利点はクランプする力、すなわち"締付け軸力"を被締結部材に与えることができることです。図2-1に、締付け軸力が十分に生じている場合と、締付け軸力が不十分な場合のボルト・ナット締結体を示しています。この2つの大きな違いは、ボルト・ナット締結体に外力が作用したときに、被締結部材と被締結部材の間が離間するかしないかです。例えば、流体が流れる配管のフランジをボルトで締結している場合、ボルトの締付け軸力が不十分で被締結部材間が離間すると、そこから流体が漏れ出してしまって機能を満たさなくなります。

　また締付け軸力が不十分な場合に、ねじ締結体に繰返し外力が作用して被締結部材間が離間すると、ねじ締結体に作用する締付け軸力以上の外力を、ボルトがすべて受けることになり、ボルトは最終的に疲労破壊して機能を満たさなくなります。なぜ、締付け軸力が不十分な場合に疲労破壊の危険が増すかについては第2章2項「ねじの締付け線図」で説明しますが、ねじ締結体がねじ締結体であるためには、十分な締付け軸力を確保し、その締付け軸力を保持することが、その必要十分条件なのです。

　ねじ締結体において、"十分な締付け軸力を確保して保持する"ためには、ねじ締結体の設計者だけでは絶対に達成できません。なぜならねじ締結体は、設計上求める十分な締付け軸力で、締結作業者がねじ締結体を締め付けてくれることを前提にしているからです。ねじ締結体の設計者は、締結作業で十分な締付け軸力が得られていると仮定した上で、想定される外力や環境にさらされ

ても"ゆるまない""疲労破壊しない"ねじ締結体を設計しなければなりません。設計者の適切な設計と締結技術者の適切な締結作業なしに、"十分な締付け軸力を確保して保持する"ことはできないのです。

本章では、まず設計者が理解し、考慮すべき"ねじ締結体の強度"や"ゆるみ""疲労破壊"の問題について説明します。

**図 2-1　ねじ締結体において締付け軸力が十分な場合と不十分な場合**

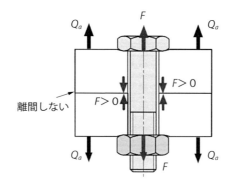

（a）締付け軸力が十分

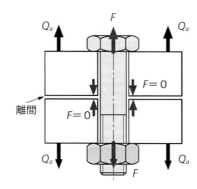

（b）締付け軸力が不十分

**要点 ノート**

ねじ締結体の機能を満たすためには、十分な締付け軸力を確保し、その締付け軸力を保持することが必要十分条件です。そのためには、設計者だけでなく、締結作業者の力も必要です。

# 1 ボルト締結における主な問題

# ボルトの破損とその原因

ボルトなどのねじ部品の破損には、主に以下の5つの破損があります。
①締め付け過ぎによる破断（図2-2）
②ねじ山せん断破壊（ストリッピング）（図2-3）
③締結後の静的な過大外力による破損
④疲労破断（図2-4）
⑤遅れ破壊

| 図2-2 | 締め付け過ぎによるねじ山破断の破面写真<br>（アルミニウム合金 A5056 製ボルト） |

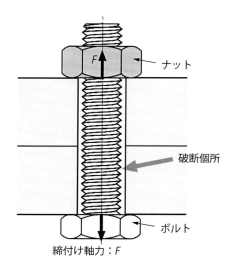

| 第 2 章 | ねじの締結作業のための準備と設計

図 2-3 | 締め付け過ぎによるねじ山せん断破壊(ストリッピング)の写真
(アルミニウム合金 A2024 製ボルト)

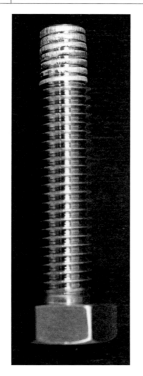
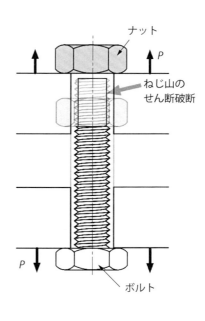

　ここで破断とは、ボルトが2つに分かれてしまうような状態を示します。破壊とは、ボルトのねじ山が破壊したりする場合を示します。また破損とは、破断や破壊までは至らないが、損傷を受けている状態を示します。
　1つ目は、ボルトやナットを締め付け過ぎることによる破断で、図2-2に示すように、締付け軸力とねじ部トルクによる組合せ応力で破断します。またねじ部の摩擦係数が小さい場合は、ボルトは主として締付け軸力が上がり過ぎて破断するのに対して、ねじ部の摩擦係数が大きい場合には、ボルトは締付け軸力ではなく、ねじ部トルクによってねじり切られます。
　2つ目は、図2-3に示すように、ボルトのおねじのねじ山か、ナットなどのめねじのねじ山が、締付け軸力により軸方向にせん断破壊する現象です。この破損は、ボルトの強度区分とナットの強度区分が適切に選定されていない場合や、おねじとめねじのひっかかり高さが小さい場合、おねじとめねじが何山かみ合っているかを表す「はめあい長さ」が小さい場合、おねじとめねじの強度

61

> 図 2-4　軸方向繰返し荷重により疲労破壊した破断面の写真
> 　　　　（アルミニウム合金 A5056 製ボルト）

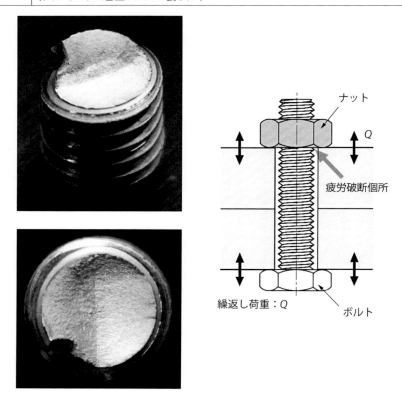

が極端に異なる場合に、締め付け過ぎなどが原因で発生します。

　3つ目は、締結後に大きな外力が作用して生じる破損です。ねじ締結体の軸方向に大きな外力が作用した場合には、ボルトが引っ張られて塑性変形したり、破断したりします。また、ねじ締結体の軸直角方向に過大な外力が作用した場合には、せん断もしくは曲げで破損します。ねじ締結体の軸回り方向に過大な外力が作用した場合には、ねじりにより破損します。

　4つ目は、ねじ締結体の軸方向や軸直角方向、軸回り方向に繰返し外力やモーメントが作用することで、ボルトが疲労破壊する現象です。本書では、ねじ締結体の軸方向に繰返し外力が作用した場合について、第2章5項「ねじ締結体の疲労破壊を防止する設計」で説明します。なお、本書では説明しませんが、ねじ締結体に作用する繰返し外力や繰返しモーメントの方向で、ボルトの疲労破面の形状は変化します。図2-4に、軸方向繰返し荷重により疲労破壊し

第2章 ねじの締結作業のための準備と設計

た破断面を示します。軸方向繰返し荷重による疲労き裂は、ボルトの軸に対して直角に平坦に進展し、繰返し荷重に耐え切れなくなったときに破断します。

5つ目は、製造時もしくは使用環境において、高強度ボルトに水素が侵入し、応力集中の大きな部分に水素が集まって脆性破壊を生じる現象です[28]。

---

**ミニコラム** ● **たかがねじ、されどねじ** ●

　ねじ締結については、よく「たかがねじ、されどねじ」と言われます。たかがねじといわれる理由には、やはりその単純な構造や大きさ、価格などが挙げられるのかもしれません。確かに、ねじ部品は小さいものが多く、また留まってさえいればよくて、強度などはどうでもよい、というねじ締結体もたくさんあります。また、そのようなねじ部品の方が身の回りには多いのも事実です。そう思うと、ねじは「たかがねじ」と思われるのも仕方ありません。著者も、「今更、ねじの研究など何かやることあるんですか？」と聞かれることもあります。それが一般的な認識であることは、我々としても心に留めておくべきでしょう。

　一方、されどねじ！といわれることも、かなりの頻度であります。されどねじ！とは、どんな時にいわれるのでしょうか？ねじ部品は、自動車や鉄道などの機械構造物ばかりでなく、電気部品や橋梁、建築物などのあらゆる分野で、分解を要する部分には必ずといってよいほど使用されています。その中で、ゆるんだり破壊したりしてはいけない"重要なねじ"はたくさんあります。このような重要なねじが壊れると、最悪の場合には人命が奪われることもあります。したがって、同じねじでも重要な部分を締結しているねじは、その1本の重みが違うのです。さて、そのような重要な部分でねじが使用される理由は、取り付け、取り外しができるからだけではなく、締付け軸力を生じさせることで、リベットなどとは比べものにならないくらい強度が高くなるからです。ねじの代わりを他の締結要素で置き換えようと思っても、それほど容易ではありません。その点が「されどねじ」といわれるゆえんでしょう。しかしねじの重要性は、機械技術者にはわかってもらえても、一般にはやはりわかりにくいのかもしれません。

---

**要点** **ノート**

ボルトの破損形態は5つあります。それぞれ破壊の原因は異なりますが、適切な設計によりほとんどは改善できます。もちろんですが、そのためには締結作業者の力も借りなければなりません。

## 【1 ボルト締結における主な問題

# 締付け軸力がなぜ重要なのか？

　ねじ締結体を安全に安心して使用するためには、ゆるみや疲労破壊などの問題の発生を防がなければなりません。では、ねじ締結体のゆるみやねじ部品の破損を防止するにはどうすればよいでしょうか。

　ゆるみの防止には、ゆるみ防止用ナットを用いたり、接着剤を用いたりすれば、本当に良いのでしょうか。疲労破壊に対しては、高い強度のボルトを使えば、本当に良いのでしょうか。ねじの勉強をしていないと、どうしてもこのように考えがちです。

　図2-5を見てください。これは、高校で習う摩擦係数を説明するときに使う図です。摩擦係数$\mu$は、摩擦力$F$を垂直抗力$N$で除した値として定義されます。接触面の面積は、摩擦係数$\mu$には影響を及ぼしません。ここで、ねじ締結体におけるゆるみに対するねじの抵抗力を考えた場合、それは摩擦係数$\mu$ではなく摩擦力$F$です。したがって、摩擦係数$\mu$を大きくしなくても、摩擦力$F$を大きくするには垂直抗力$N$を大きくすればいいということになります。ねじ締結体において、垂直抗力$N$に相当するのは、図2-6に示すように締付け軸力になります。したがって、ゆるみを防止するには、締付け軸力を大きくすることが有効なのです。

　また第2章1項「ねじ締結体としての機能」で、ねじ締結体の締付け軸力が不十分な場合に、ねじ締結体に作用する繰返し軸方向外力によって被締結部材間が離間して、ボルトの疲労破壊の危険性が増加することを説明しました。これは逆に、ねじ締結体に作用する軸方向繰返し外力よりも締付け軸力が十分に大きければ、疲労破壊の危険性は高くない、ということになります。疲労破壊は、単純に締付け軸力と外力だけの問題ではありませんが、締付け軸力が高いことは何より疲労破壊の防止には重要です。

　したがって、ねじ締結体において最も重要なものは、ねじ締結体の"締付け軸力"ということになります。

## 図2-5 物体に生じる摩擦力

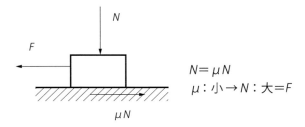

## 図2-6 ねじ締結体の接触部に作用する締付け軸力 $F$

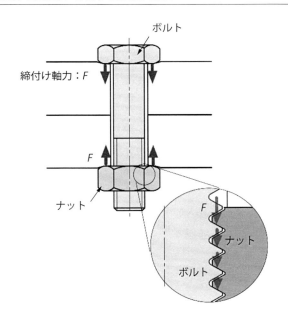

> **要点ノート**
> 「ねじがゆるむから潤滑しない」とよく耳にします。これは、疲労破壊まで考えれば適切ではなく、潤滑をして、安定して高い締付け軸力で締め付けることが重要です。

# 【2 ねじ締結体の設計

# ねじ締結体の締付け線図
# （締付け三角形）

さて前節でも、ねじ締結体に作用する繰返し軸方向外力が作用した場合に、ねじ締結体の締付け軸力よりも軸方向外力が大きければ、ボルトの疲労破壊の危険性が増加することについて言及しました。ここでは、その理由について、ねじの締付け線図を使用して説明します。

まず、締付け線図について説明します[29]。**図2-7**に、ねじ締結体のばねモデルと締付け線図を示しています。ねじ締結体におけるボルトは、同図のばねモデルに示すように、ばね定数$C_b$のばねと考え、また被締結部材もばね定数$C_c$のばねと考えます。これらを締め付けることによって、ボルトのばねは伸ばされ、被締結部材のばねは圧縮されます。図2-7の締付け線図では、締め付けたときの関係を、横軸にボルトの伸び量$\lambda_b$と被締結部材の圧縮量$\lambda_c$を取り、縦軸にねじ締結体に作用する軸方向の力を取って表しています。

図2-7の締付け線図において、直線①は、締結時のボルトの伸び量$\lambda_b$と締付け軸力$F$の関係を表す直線です。締付け時、ボルトは締付け軸力$F$を受けて伸びるので、Oからボルトのばね定数$C_b$を勾配とする右上がりの直線になります。直線②は、被締結部材の圧縮量$\lambda_c$と締付け軸力$F$の関係を表す直線です。被締結部材は、締付け時に締付け軸力$F$を受けて圧縮されるので、Oから被締結部材のばね定数$C_c$を勾配とする左上がりの直線になります。

いま、ねじ締結体を初期締付け軸力$F_i$まで締め付けたとすると、直線①は点Aまで、直線②は点Bまで描かれます。そのとき、点Aと点Bは離れています。締付け時に、ボルトが受ける軸力も被締結部材が受ける締付け軸力も同じなので、点Aと点Bを一致させるように直線②を移動させると、△AOCができます。この三角形のことを、ねじ締結体の「締付け線図」や「締付け三角形」と呼びます。

次に、図2-7の右側に示すような繰返し外力$Q_a$が、ねじ締結体に作用したと考えます。締付け線図において、外力$Q_a$の大きさ（全幅）を点Cから伸ばした垂線まで移動させます。次に、その交点Dから直線③に平行に直線④を引きます。直線④と直線①の延長線上の交点Eから直線⑤を引くと、CDEGの平行四辺形ができ、直線⑤の長さ$\overline{EG}$は外力$Q_a$の大きさと同じになります。この

状態で、締付け軸力$F_i$以上の$\overline{\mathrm{EH}}$が、外力がねじ締結体に作用することでボルトに追加される軸力$\Delta F_a$になります。

図2-7からわかるように、ねじ締結体に作用する繰返し外力$Q_a$が、締付け軸力$F_i$より大きくなり、点Iを越えなければ、すべてが、ボルトの追加軸力$\Delta F_a$になるわけではありません。しかし$Q_a$が点Iを越えれば、被締結部材間が離間し、$Q_a$が$F_i$を超えた分はボルトが受けることになり、疲労破壊の危険性は著しく増加します。

図 2-7 | ねじ締結体のばねモデルと締付け線図

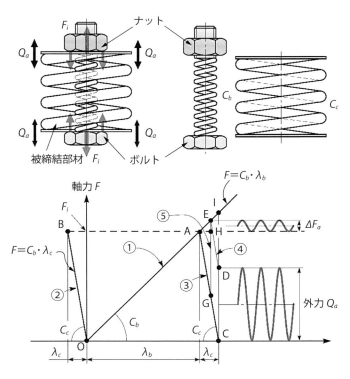

ボルトの伸び量$\lambda_b$と被締結物の圧縮量$\lambda_c$

> **要点 ノート**
>
> ねじ締結体の締付け線図は、ねじ締結体を理解する上で最も重要です。締付け線図から、外力の一部しかボルトには作用しないことがわかれば、ねじがリベットに比べていかに優れているかがわかります。

# 【2 ねじ締結体の設計

# ねじ締結体の内外力比

　さて、図2-7の締付け線図を、再度**図2-8**に示します。同図において、ねじ締結体に作用する繰返し引張の外力$Q_a$に対して、ボルトに追加される軸力$\Delta F_a$の割合は、下記で表されます。

$$\phi = \frac{\overline{\mathrm{EH}}}{\overline{\mathrm{EG}}} \tag{2-1}$$

　この割合$\phi$を、ねじ締結体の「内外力比」もしくは「内力係数」と呼びます。また、ボルトのばね定数$C_b$、被締結部材のばね定数$C_c$を用いると、内外力比$\phi$は下式で表されます。

$$\phi = \frac{C_b}{C_b + C_c} \tag{2-2}$$

　したがって、繰返し外力$Q_a$がねじ締結体に作用した場合に、ボルトに作用する追加軸力$\Delta F_a$は次式となります。

$$\Delta F_a = \phi \cdot Q_a = \frac{C_b}{C_b + C_c} \cdot Q_a \tag{2-3}$$

　ねじ締結体に作用する繰返し外力$Q_a$が、図2-8の点Iを越えなければ、ボルトの追加軸力$\Delta F_a$は式（2-3）に従うとされます。実際には、繰返し外力$Q_a$がねじ締結体に作用する位置によって内外力比は変化します。しかし、基本的には内外力比が低下する方向に変化するので、設計上は安全側になります。この点についての説明は本書ではしませんので、必要であれば専門書を参考にしてください。

　さて内外力比$\phi$が式（2-2）に従うとして、ボルトのばね定数$C_b$と被締結部材のばね定数$C_c$がわかれば、$\phi$は容易に計算することができます。それらの算出は、VDI2230を参考に用いるとよいでしょう[30]。ここでは、設計上で重要な点について説明します。

　ねじ締結体が軸方向の繰返し外力を受ける場合、ボルトは疲労破壊の危険にさらされます。ボルトの疲労破壊を防止するには、できるだけ内外力比$\phi$を小さくする必要があります。そのため、ボルトのばね定数$C_b$は小さくし、被締結部材のばね定数$C_c$は大きくする方が好ましいということになります。ボル

トのばね定数$C_b$を小さくするには、ボルトの軸径を小さくしなければなりません。そうすると、必然的に断面積が減少し、強度も低下します。したがって、強度とばね定数はトレードオフの関係にあります。

また、2枚の板状のものを締結しているような場合には、被締結部材のばね定数$C_c$を大きくすることは、ほぼ無理です。したがって、被締結部材を設計する場合に気をつけてもらいたいのは、被締結部材のばね定数$C_c$をできるだけ小さくしない、ということです。

図 2-8 | ねじ締結体が外力を受ける場合の締付け線図

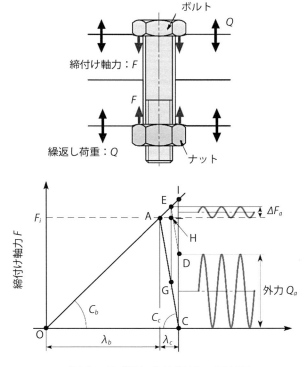

ボルトの伸び量 $\lambda_b$ と被締結物の圧縮量 $\lambda_c$

**要点 ノート**

ねじ締結体における内外力比は、締付け線図を数式で理解することと同じです。内外力比は、ボルトのばね定数と被締結部材のばね定数で表されます。内外力比を小さくできれば、ボルトの負荷を低減できます。

# ■2 ねじ締結体の設計

# ねじ締結体に作用する荷重形態

　ねじ締結体の設計を考える場合には、まずねじ締結体に作用する外力がどのようものであり、その外力によって何が起こるかを知らなければなりません。ここでは、ねじ締結体に作用する基本的な荷重形態にどのようなものがあるかを説明します。

　図2-9に、1本のねじ締結体に対する4つの荷重形態を示しています。1つ目はボルトの軸方向に作用する外力であり、2つ目はボルトの軸直角方向（せん断方向）の外力、3つ目はボルトの軸回り方向のモーメント、4つ目はボルトの軸からオフセットされた位置に軸方向に作用する外力です。これらの外力形態は、ボルトの破損やゆるみ、疲労強度を考える上で極めて重要であり、荷重形態に応じて破壊挙動やゆるみ挙動、疲労破壊挙動が異なります。

　まず、ボルト締結体に軸方向外力で作用した場合、前述のように、ボルトには引張りの追加軸力が作用します。軸方向外力が極めて大きければ、ねじ締結体の被締結部材間は離間し、ボルトは破断するでしょう。また軸方向の繰返し外力が作用すれば、引張応力により疲労破壊の可能性を生じます。

　次に、ねじ締結体の締付け軸力を$F$とし、また被締結部材間の摩擦係数を$\mu$とすると、ねじ締結体の軸直角方向（せん断方向）外力が、被締結部材間の摩擦力$\mu F$よりも大きな外力が作用した場合、被締結部材間ではすべりを生じます。さらに大きな軸直角方向外力が作用すると、ボルトはせん断力によって破損します。また軸直角方向に繰返し外力が作用して、被締結部材間ですべりを生じた場合には、ねじ締結体の戻り回転を伴うゆるみが発生する危険性が増加します。戻り回転を伴うゆるみについては第2章3項「戻り回転を伴うゆるみ」で説明しますが、戻り回転を伴うゆるみが発生した場合には、極めて危険な状態になります。

　ねじ締結体の軸回り方向にモーメントが作用し、被締結部材間が円周方向にすべりを生じた場合には、そのモーメントがボルトの戻り回転方向であれば、ボルトはゆるみます。締まり方向であれば、ゆるみは生じません。ただし、繰返しモーメントが作用する場合に、被締結部材間ですべれば、戻り回転を伴うゆるみの危険性が著しく増加します。

ねじ締結体の軸からオフセットされた位置に軸方向外力が作用する場合は、ボルトには追加軸力と曲げモーメントが作用することになり、強度を考える場合には複雑になります。この辺りの複雑な計算については、VDI2230を参考にするといいでしょう。また、VDI2230には1本のボルトによる締結ばかりでなく、多数本のボルトによる締結についても記載されています[30]。

**図 2-9** ねじ締結体に作用する荷重形態

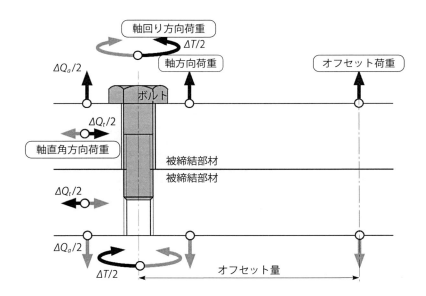

**要点 ノート**

ねじ締結体のゆるみや破壊は、ねじ締結体がどのような外力やモーメントを受けるかで決まります。ここでは、4つの形態がねじ締結体にどのように作用するかをつかんでください。

# 〈2 ねじ締結体の設計

# ねじ締結体のばね定数

　第2章2項「ねじの締付け線図」において、ボルトと被締結部材のばねモデルを用いて締付け線図を説明しました。ここでは、ねじ締結体のばね定数について説明します。

　図2-10に、ボルト・ナット締結体を締め付ける際の締付け回転角$\theta$に対する締付け軸力$F$の挙動を示しています。同図のように、ナットを徐々に締め付けていくと、ナットの回転角$\theta$に応じて締付け軸力$F$は増加します。ナットが被締結部材の座面に完全に接触し、ナットの回転角$\theta$に対して締付け軸力$F$が線形に上昇し始める点を「着座点」、もしくは「スナグ（Snug）点」といいます。図2-10の横軸のナットの回転角$\theta$の単位は「度（°）」です。

　ナットを締め付ける際、ナットは1回転で1ピッチ進むので、ナットを$\theta$だけ回転させるときのナットの進み量$\delta$は下式となります。

$$\delta = P \cdot \frac{\theta}{360} \tag{2-4}$$

　スナグ点以降、ボルトは締付け軸力$F$によって引っ張られ、被締結部材は圧縮されます。そのときのボルトの伸びを$\lambda_b$、被締結部材の圧縮量を$\lambda_c$とすると、ナットの進み量$\delta$は$\lambda_b$と$\lambda_c$の和として次式で表されます。

$$\delta = P \cdot \frac{\theta}{360} = \lambda_b + \lambda_c \tag{2-5}$$

　ねじ締結体におけるボルトと被締結部材は、図2-7に示したように2つの大小のばねとしてみなせるので、それらのばねに作用する力（締付け軸力）を$F$とすると、ボルトの伸び$\lambda_b$と被締結部材の圧縮量$\lambda_c$は下式で表されます。

$$F = C_b \cdot \lambda_b \tag{2-6}$$

$$F = C_c \cdot \lambda_c \tag{2-7}$$

　ここで、$C_b$はボルトのばね定数、$C_c$は被締結部材のばね定数です。これらの式を式（2-5）に代入すると、下式となります。

$$\delta = P \cdot \frac{\theta}{360} = \lambda_b + \lambda_c = \frac{F}{C_b} + \frac{F}{C_c} \tag{2-8}$$

　式（2-8）を締付け軸力$F$の式として表すと、締付け軸力$F$は下式で表され

72

ます。

$$F = \frac{C_b \cdot C_c}{C_b + C_c} \cdot \frac{P}{360} \cdot \theta \qquad (2\text{-}9)$$

式（2-9）において、ボルトのばね定数$C_b$と被締結物のばね定数$C_c$で表される下式を「ねじ締結体のばね定数$C$」といいます。

$$C = \frac{C_b \cdot C_c}{C_b + C_c} \qquad (2\text{-}10)$$

なお、ここでボルトのばね定数$C_b$や被締結物のばね定数$C_c$の計算式は示しませんが、必要であれば、ぜひVDI2230を参照してください[30]。

図2-10 | 締付け過程における締付け回転角と締付け軸力の関係

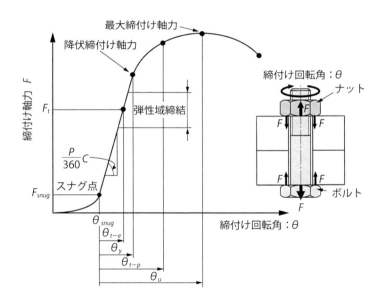

**要点 ノート**

ねじ締結体のばね定数は、ボルトと被締結部材のばね定数で表されます。内外力比に似ていますが、異なります。ねじ締結体のばね定数は、摩耗などによる締付け軸力低下の把握に役立ちます。

## 【3】 ねじのゆるみとは

# 戻り回転を伴わないゆるみ

　ねじ部品のゆるみには、**図2-11**の左図に示すように、ボルトやナットが相対的にゆるむ方向に回転する「戻り回転を伴うゆるみ（回転ゆるみ）」と、ボルトやナットがゆるみ回転をせずに締付け軸力が低下する「戻り回転を伴わないゆるみ（非回転ゆるみ）」があります。

　戻り回転を伴うゆるみは、同図の右図に示すように、一旦発生すると締付け軸力をほとんど消失してしまい、ねじ締結体としての機能を完全に失います。したがって、戻り回転を伴うゆるみは絶対に防止しなければなりません。それに対して、戻り回転を伴わないゆるみでは、締付け軸力は低下しますが、完全に消失することはありません。したがって、戻り回転を伴うゆるみよりも大丈夫と考えがちですが、戻り回転を伴わないゆるみが発生することで、戻り回転を伴うゆるみを誘発することがあるので、やはりしっかりと防止する必要があります。

　戻り回転を伴うゆるみに関しては、次節で説明します。ここでは、ゆるみ回転を伴わないゆるみについて説明します。

　戻り回転を伴わないゆるみには、初期ゆるみ、微小摩耗によるゆるみ、陥没ゆるみ、熱的原因によるゆるみ、過大外力によるゆるみなどがあります。

　初期ゆるみは、締付け直後に締付け軸力が僅かに低下するものであり、締付けトルクの解放や接触面のなじみによって生じます。微小摩耗によるゆるみは、締結後にねじ締結体に外力振動が作用することで、接触部で微小摩耗によるへたりを生じて、締付け軸力が僅かに低下する現象です。ここで、接触部の微小摩耗によるへたり量を$\delta_s$とすると、へたりによる締付け軸力の低下量$\Delta F_s$は、前節で紹介したねじ締結体のばね定数$C$に比例して下式で表されます[31]。

$$\Delta F_s = \frac{C_b \cdot C_c}{C_b + C_c} \cdot \delta_s \qquad (2\text{-}11)$$

　ここで、へたり量$\delta_s$は数$\mu$mと僅かであっても、ねじ締結体のばね定数が極めて大きな値なので、締付け軸力の低下量$\Delta F_s$は数kNになることもあります。

　次に陥没ゆるみは、ボルト首下が接触する被締結部材の座面や、ナットが接触する被締結部材の座面が、締付け軸力や外力が作用することで塑性変形を生

### 図 2-11 | ねじ締結体のゆるみ

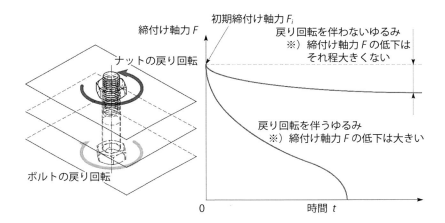

じて陥没し、締付け軸力が低下する現象です。ねじ締結体において、ボルトおよびナット座面の接触面圧は極めて高くなります。したがって、締結によっても被締結部材表面に陥没が生じる場合もありますし、締結後の外力によって陥没を生じる場合もあります。陥没ゆるみを防ぐには、締付け軸力 $F_i$ およびねじ締結体に作用する外力の最大値が作用したときに、ボルトおよびナットが被締結部材と接触する接触面圧が、被締結部材の限界面圧を超えないようにする必要があります[32]。

**表2-1**に、代表的な材料の限界面圧を示していますが、限界面圧の大きさは材料によって異なるので、被締結部材がどのような材料であるかも十分に把握した上で、適正な締付け軸力を決定し、許容できる外力を把握しておくべきです。

ここで、被締結部材にへたりを生じたり、陥没を生じたりした場合のねじ締結体の模式図と、それらによる締付け軸力の低下を表すねじ締結体の締付け線図を、**図2-12**に示しています。接触部のへたり量や陥没量を $\delta_s$ とすると、同図からわかるように、締付け軸力が低下します。このゆるみを低減するためには、被締結部材の座面での摩耗や陥没の低減や防止、また被締結部材間の摩耗

75

表2-1 | 各種材料の限界面圧（酒井、ねじ締結概論 [32] より抜粋）

| 名　　称 | 材料記号 | 限界面圧 $p_L$ （MPa） |
|---|---|---|
| 一般構造用圧延鋼 | SS400 | 333 |
| 炭素鋼 | S30C | 490 |
| 熱処理炭素鋼 | S45C | 700 |
| 合金鋼 | SCM440 | 850 |
| ねずみ鋳鉄 | FC400 | 1100 |
| アルミニウム合金 | A2017 | 392 |

も低減する必要があります。そのためには、限界面圧が高い被締結部材を使用する必要がありますし、接触面の表面硬さの向上、表面粗さの向上が求められます。

しかし、限界面圧が低いという理由で被締結部材の材質を変えることは難しいと思います。その場合は、ボルトおよびナットと被締結部材の接触面圧を下げる必要があります。半面、接触面圧を下げることは締付け軸力を下げることになります。締付け軸力を下げると、この後に説明する戻り回転を伴うゆるみの発生や疲労破壊の危険性が増すので、締付け軸力は下げたくありません。

そのような場合には、ボルトおよびナット座面に平座金を使用して、接触面圧を下げてやることが有効です。図2-12の下図に、平座金を使用した場合の接触応力を模式的に示しています。ボルトと平座金の間での接触応力$\sigma_1$は大きくても、平座金と被締結部材表面との間の接触応力$\sigma_2$は小さくできます。ただし、平座金自体の強度が低く、平座金で陥没や摩耗が起きないように気をつける必要があります。なお、ばね座金では接触面圧の低減はできないので、この場合にばね座金を使用することは適切ではありません。

第2章 ねじの締結作業のための準備と設計

図 2-12 ねじ締結体の戻り回転を伴わないゆるみ

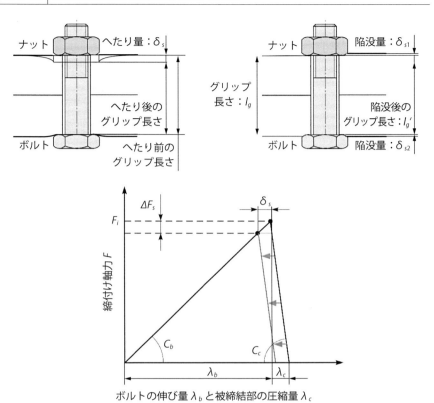

ボルトの伸び量 $\lambda_b$ と被締結部の圧縮量 $\lambda_c$

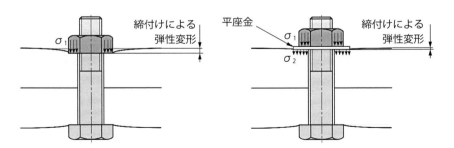

**要点ノート**

ねじ締結体のゆるみには、戻り回転を伴うゆるみと伴わないゆるみがあります。戻り回転を伴わないゆるみには、初期ゆるみ、微小摩耗によるゆるみ、陥没ゆるみ、熱的原因によるゆるみ、過大外力によるゆるみなどがあります。

# 【**3** ねじのゆるみとは

# 戻り回転を伴うゆるみ

　戻り回転を伴うゆるみがねじ締結体に発生した場合、ねじ締結体としての機能を失うばかりでなく、ボルトの疲労破壊や脱落を引き起こす可能性が高くなります。様々な新技術が開発される現代においても、このようなねじ締結体のゆるみが、いまだに人命を脅かす重大事故の引き金になっているのです。このような事故を防止するためには、ゆるみの発生を何としても防ぐ必要があります。

　戻り回転を伴うゆるみは、前項「戻り回転を伴わないゆるみ」で説明したように、ねじ締結体の軸直角方向に繰返し荷重が作用した場合や、軸回り方向に繰返しモーメントが作用した場合に発生します。ここでは、戻り回転を伴うゆるみがよく発生する軸直角方向繰返し荷重がねじ締結体に作用した場合を取り上げて、発生メカニズムを説明します。

　**図2-13**に、軸直角方向振動によって戻り回転を伴うゆるみが発生する際のメカニズムを示します[33]。同図において、おねじに作用する力をわかりやすくするために、ねじを四角ねじとしてView AとView Bからねじ部を見た状態を示しています。View AとView Bの視線の方向は、図2-13のとおり、互いに逆方向からねじ部のかみあい状態を見ています。

　図2-13の上側の被締結部材が①の方向に押されたとします。そのときに、座面ですべりを生じない間は、ナットは上側の被締結部材と同じ①の方向に動きます。ナットが①の方向に動くと、View A側では、ナットはボルトのリードを上る方に動くことになり、すべりは発生しにくい状態です。それに対してView B側では、ナットはボルトのリードを下る方に動くことになり、ねじ面がすべりを生じやすい状況になります。次に、被締結部材が②の方向に押されると、先程と逆に、View A側でナットはボルトのリードを下る方に動き、View B側ではナットはボルトのリードを上る方に動きます。このように、ボルトのおねじ部はゆるむ方向にはすべりやすく、締まる方向にはすべりにくいので、ナットの座面およびねじ面で同時にすべりを生じればナットは回転してゆるむことになります。したがって、軸直角方向振動によって戻り回転を伴うゆるみが生じるためには、ボルトもしくはナットの座面とねじ面で同時にすべ

第2章 ねじの締結作業のための準備と設計

りを生じることが条件になります。できれば、ねじ締結体を設計する際、軸直角方向に振動が作用しないように設計することが好ましいのですが、近年の複雑な設計を考えると難しいかもしれません。そのため、軸直角方向振動によるゆるみを防止するためには、ねじ面および座面でのすべりを防止することが有効です。

また図2-13を用いたゆるみのメカニズムでは、上下の被締結部材間がすべることを前提に説明しましたが、被締結部材間ですべりが生じなければ、軸直角方向振動によるゆるみは生じません。したがって、被締結部材間をすべらせないことも、ゆるみ防止につながります。

**図2-13** 戻り回転を伴うゆるみ

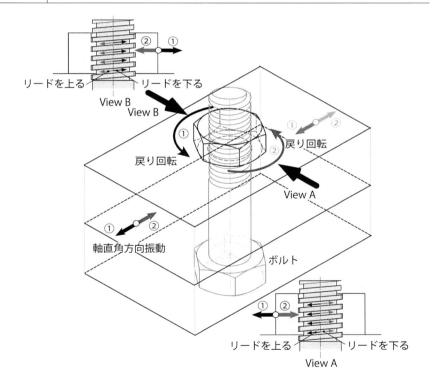

**要点 ノート**

戻り回転を伴うゆるみは、軸直角方向振動によって、被締結部材の間で相対的なすべりを生じ、それと同時にねじ面と座面で同時にすべることが発生の条件になります。

## 【3】ねじのゆるみとは

# ゆるみを起こさない設計

　さて、ねじ締結体を安全に使用していくためには、ゆるみは防止していかなければなりません。そのためには、戻り回転を伴うゆるみばかりでなく、戻り回転を伴わないゆるみについても、しっかりとした対策を行うべきです。戻り回転を伴わないゆるみや戻り回転を伴うゆるみを防止する方法については、前項までの「戻り回転を伴わないゆるみ」「戻り回転を伴うゆるみ」でも説明していますが、ここではそれらをまとめて再度説明したいと思います。

　まず、戻り回転を伴わないゆるみを低減するためには、ボルトおよびナットと被締結部材との接触面での摩耗や陥没を低減することが必要です。そのために、設計段階での以下の対応が有効です。

①被締結部材とボルトおよびナットとの接触面の表面硬さを、熱処理などによって向上させる。

②被締結部材とボルトおよびナットとの接触面の表面粗さを向上させる。

③平座金を使用して、座面の接触面圧を下げることで、陥没やへたりを抑制する。

　次に、戻り回転を伴うゆるみの防止について説明します。戻り回転を伴うゆるみを防止するには、締結されている被締結部材間やねじ面、座面でのすべりを起こさせないことが重要です。現在、戻り回転を伴うゆるみを防止する製品は、**図2-14**に示すように数多く販売されています。それらの多くは、塑性変形を利用してねじ面でのすべりの発生を抑制したり、樹脂をねじ面にかみ込ませてすべりを抑制したり、ナット座面にギザギザの歯（セレーション）を設けて座面でのすべりを抑制したりして、戻り回転を伴うゆるみを防止します。また接着剤を用いて、ねじ面および座面を固着することも行われます。

　このように、戻り回転を伴うゆるみを防止する製品には、それぞれ利点と欠点があります。ここでは設計上での対応を説明したいので、これらを使用する前に検討してもらいたいことを説明します。

　まず、ねじ締結体に作用する外力（もしくは強制変位量）をある程度予測し、その外力が作用した際に、被締結部材間やねじ面、座面ですべりを生じないために必要な締付け軸力を付与することが何より肝要です。これを行う前か

80

ら、ゆるみを防止する製品を用いるのでは、いい設計とはいえません。また、ゆるみを防止するナットを用いる場合も、それらを用いて締付け管理がしっかりとできるかどうか、十分に考えて用いる必要があります。さもなければ、ゆるみを防止できても疲労破壊を招くことになります。したがって、むやみやたらに戻り回転を伴うゆるみだけを防止すればよいというものではありません。

図 2-14 各種ゆるみ防止ナット

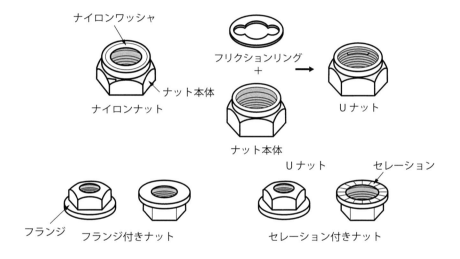

（出典：『絵とき「ねじ」基礎のきそ』門田和雄著、日刊工業新聞社）

**要点 ノート**

戻り回転を伴わないゆるみと、戻り回転を伴うゆるみには、個別に設計上のアプローチが必要です。特に、むやみにゆるみ防止ナットなどを用いることは、決して適切なアプローチではありません。

# 【4】ねじ締結体の疲労強度とは

# 金属疲労とボルト単体の疲労強度

　疲労破壊とは、一度では破断するはずのない荷重や応力であっても、繰り返して作用することで、破壊してしまう現象です。最も身近な疲労破壊は、針金を何度か繰り返し折り曲げて破断させる現象です。世の中の破損事故の80%は、疲労に関連しているといわれており、そのほとんどは、ボルトのねじ部や首部のように、形状が変化する応力集中部で発生しています。

　本節では、まず一般的な金属疲労について説明します。

　疲労破壊は、**図2-15**の上図に示すように、試験部が一様断面である平滑試験片に繰返し応力が作用した場合において、繰返し応力の振幅である"応力振幅$\sigma_a$"と、繰返し応力の平均値である"平均応力$\sigma_m$"で特徴付けられます。同図（a）に、平均応力$\sigma_m$が0の場合における一般的な平滑試験片の$S$-$N$線図を黒い実線で示します。$S$-$N$線図は、疲労の特性を表す最も代表的なグラフであり、応力振幅（Stress amplitude）と破断までの繰返し数（Number of cycle to failure）の頭文字から名前が付けられています。破断までの繰返し数である疲労寿命$N_f$は、応力振幅$\sigma_a$に依存します。したがって、応力振幅$\sigma_a$が小さいほど疲労寿命$N_f$は長くなり、ある応力振幅$\sigma_a$以下になると疲労破壊しなくなります。その応力振幅$\sigma_a$を"疲労強度$\sigma_w$"と呼びます。また一般に、平滑試験片において平均応力$\sigma_m$が0の場合の疲労強度を、その材料の基準となる疲労強度として"$\sigma_{w0}$"で表します。

　次に、疲労強度$\sigma_w$への平均応力$\sigma_m$の影響について説明します。図2-15に示すような平滑試験片に平均応力$\sigma_m$が作用すると、試験片が受ける最大の応力は平均応力$\sigma_m$の分だけ大きくなります。したがって疲労強度$\sigma_w$は、平均応力$\sigma_m$が0の状態よりも低下することは容易に想像できます。図2-15（b）に、黒い実線で"修正Goodman線図"を示します。"修正Goodman線図"は、疲労強度$\sigma_w$と平均応力$\sigma_m$との関係を表す"耐久限度線図"の一つです[34]。耐久限度線図には、修正Goodman線図の他に$\sigma_T$-$\sigma_{w0}$線図（モロー線図）やゾーダーベルク線図などがあります。ここでは、一般に広く使用される修正Goodman線図を用いて説明します。修正Goodman線図は、縦軸の応力振幅$\sigma_a$に平均応力$\sigma_m$が0の場合の疲労強度$\sigma_{w0}$を取り、横軸の平均応力$\sigma_m$に引張強さ$\sigma_B$を取っ

第 2 章 | ねじの締結作業のための準備と設計

### 図 2-15 | S-N 線図と修正 Goodman 線図

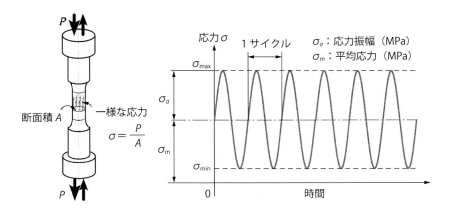

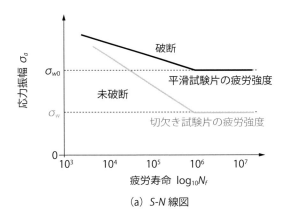

(a) S-N 線図

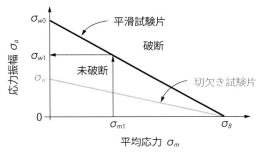

(b) 修正 Goodman 線図

て、それらの点を結んだ直線のことを呼びます。すなわち修正Goodman線図は、平均応力$\sigma_m$が大きくなることで、疲労強度$\sigma_w$がどれだけ低下するかを表すグラフになります。例えば、ある平均応力$\sigma_{m1}$での疲労強度$\sigma_{w1}$は、図2-15（b）に示すように、$\sigma_{m1}$から真上に線をまで伸ばし、修正Goodman線図との交点から縦軸の$\sigma_{w1}$を読むことで導かれます。

さて、ボルトなどのねじ部品は、図2-15に示すような平滑試験片ではなく、らせん状にねじの溝が切られています。したがって、丸棒に連続的な切欠き（溝）があるのと同じであり、ねじの谷底には大きな応力集中を生じます。またねじを締結した場合には、おねじとめねじがかみ合い始める第1ねじ谷底に、応力集中係数で4〜5程度の極めて大きな応力集中を生じます。したがってボルトの疲労強度は、平滑試験片に比べて大きく低下します。

図2-15（a）と（b）に、平滑試験片でなく切欠きを有する切欠き試験片の場合の$S$-$N$線図と修正Goodman線図の一例を灰色の直線で示しています。同図（a）、（b）からわかるように、切欠き試験片の場合、応力集中によって疲労強度$\sigma_w$は低下します。したがって、ボルトなどのねじ部品の疲労強度は、平滑材に比べて小さくなります。

以下に、吉本によって提案されたボルトの単体の疲労強度を示します[35]。

$$\sigma_{aw} = \frac{\sigma_{w0}\ (\sigma_T - \sigma_{0.2})}{K_f\ (\sigma_T - \sigma_{w0})} \tag{2-12}$$

式（2.12）において、$\sigma_T$はボルト材の真破断応力、$\sigma_{w0}$はボルト材の平滑材の疲労強度、$\sigma_{0.2}$はボルト材の0.2％耐力です。$K_f$は、疲労における応力集中係数のようなものであり、$K_f = \sigma_{w0}/\sigma_w$で定義されます。ここでは、破断部であるボルトの第1ねじ谷底における切欠き係数$K_f$を用います。

表2-2に、式（2.12）で使用する変数において、幾つかの強度区分のボルトの値を示しています[36]。また、これらの変数を式（2.12）に代入して算出したボルトの疲労強度$\sigma_w$を、表2-2の最下行に示しています。ボルトの疲労強度$\sigma_w$を見ると、強度区分が変わることで、0.2％耐力などの静的強度は大きく変わるのに対して、ボルトの疲労強度$\sigma_w$は静的強度ほど大きく変わらないことがわかります。これは、強度区分に応じて材料強度が上がることで、静的強度は向上しますが、それと同時に切欠きに対して敏感になるからです。同表の切欠き係数$K_f$を見てください。強度区分が上がることで、切欠き係数$K_f$も上がっていっていることがわかります。そのため、疲労強度の改善のために強度区分を上げるのは、必ずしも有効ではないかもしれません。その辺りは、十分に検証を行う必要があります。

しかし、強度区分を上げることで、静的強度は明らかに向上するので、締付

第2章 ねじの締結作業のための準備と設計

け軸力を上げることができます。締付け軸力を上げることは、戻り回転を伴うゆるみを防止するために有効です。ゆるみが生じなければ、ねじ締結体の内外力比を保つことができますので、疲労破壊を起こす危険性は少なくなります。ただし、被締結部材のボルトやナットと接触する座面で陥没などを起こさないようにしておく必要があります。

**表 2-2** ボルト材の機械的性質と M10 の疲労強度
(山本 晃：ねじ締結の原理と設計 [36]）より一部抜粋)

| 強度区分 | 4.8 | 6.8 | 8.8 | 10.9 | 12.9 |
|---|---|---|---|---|---|
| 0.2%耐力 $\sigma_{0.2}$（最小）（MPa） | 340 | 480 | 640 | 940 | 1100 |
| 疲労強度 $\sigma_{w0}$（MPa） | 180 | 230 | 290 | 450 | 530 |
| 真破断応力 $\sigma_T$（MPa） | 870 | 930 | 1370 | 1590 | 1720 |
| 切欠き係数 $K_f$ | 2.64 | 3.28 | 3.56 | 3.73 | 3.81 |
| ボルトの疲労強度 $\sigma_w$（MPa） | 52 | 45 | 55 | 69 | 72 |

---

**ミニコラム** ● **機械部品における疲労設計** ●

　機械部品において、繰返し荷重が作用する場合は、疲労破壊の危険にさらされます。疲労を加味した設計を行う場合、疲労破壊が発生する個所をあらかじめ見定めた上で、その個所の疲労強度を算出する必要があります。なぜなら、同じ部品であっても、部品の位置によって外力から受ける応力は違いますし、応力集中係数が違えば、切欠き係数も変わるからです。疲労破壊の危険がある個所を見いだすには、経験と勘が重要ですが、わからなければFEMソフトなどを用いて危険個所を把握することも必要です。

---

**要点 ノート**

金属疲労における部材の疲労寿命には、応力振幅と平均応力が顕著に影響を及ぼします。またねじのような連続切欠き材の場合の疲労強度は、平滑材に比べて大きく低下します。

# 【4】ねじ締結体の疲労強度とは

# ボルト単体の強度と
# ねじ締結体の強度

　ねじ締結体の疲労強度特性を理解することは、簡単なようで難しいところがあります。その最大の理由は、ボルト単体とねじ締結体で、疲労強度特性が異なるからです。このボルト単体の強度特性と締結体の強度特性の違いは、強度区分で表される引張強度と締結強度のような静的強度でもあるし、疲労のような動的強度においてもあります。ボルトの引張強度と締結強度の違いについては、第1章2項で説明したので、ここではボルト単体の疲労強度$\sigma_w$と、ねじ締結体の疲労強度の違いについて説明します。

　**図2-16**に、ボルト単体の疲労試験の状態と、ねじ締結体が軸方向繰返し荷重を受ける場合の図を示しています。前節の式（*2.12*）で求めた疲労強度は、同図（a）に示すボルト単体の疲労強度$\sigma_w$になります。さて、同図（b）に示すねじ締結体における疲労強度とは、一体何を指すのでしょうか？それは、"ボルトが疲労破断せずに、ねじ締結体に負荷することができる軸方向の繰返し荷重振幅の最大値"であり、本来"ボルトが疲労破断しない荷重振幅の最大値"と呼ぶべきでしょう。このように、ボルト単体の疲労強度$\sigma_w$は応力であり、ねじ締結体の疲労強度は力なので、単位から異なります。したがって簡単に理解するといっても、初めて学ばれる方にはなかなか理解が難しいでしょう。

　要するに、ねじ締結体の疲労設計をするということは、ボルト単体の疲労強度$\sigma_w$から、ねじ締結体にどの程度の繰返し荷重振幅を作用できるかを算出し、それを"ねじ締結体の疲労強度"として設計します。もしくは、ねじ締結体に作用している軸方向荷重振幅から、疲労破壊個所である第1ねじ谷底に作用する公称応力振幅を求めて、ボルト単体の疲労強度と比較して設計をすることになります。

　そこで、第2章2項「ねじ締結体に作用する荷重形態」で説明したねじ締結体に作用する荷重から、ボルトの第1ねじ谷底に作用する応力を求めることが必要です。そのためには、まず2章2項「ねじ締結体の内外力比」で説明した内外力比を把握するが必要です。

　ボルトが**図2-17**のように締結され、軸方向に引張圧縮の繰返し外力$\Delta S_a$を受

## 図 2-16 ボルト単体の強度とボルト締結体の強度

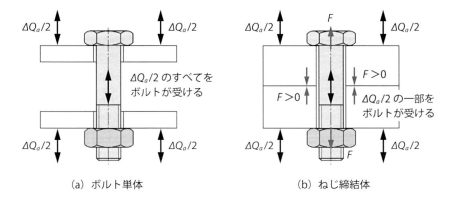

(a) ボルト単体　　　　　　　(b) ねじ締結体

けるとき、外力の作用点にもよりますが、ねじ締結体に作用する圧縮荷重は疲労強度には影響せず、引張荷重しか影響しません。そこで、引張圧縮の繰返し外力$\Delta S_a$の内、ねじ締結体に作用するのは、繰返し引張の外力である$\Delta Q_a (= \Delta S_a/2)$となります。繰返し引張の外力$\Delta Q_a$により、ボルトが受ける繰り返し荷重振幅$\Delta F_a$は、内外力比を$\phi$とすると下式で表されます。

$$\Delta F_a = \phi \cdot \Delta Q_a \tag{2-13}$$

繰り返し荷重振幅$\Delta F_a/2$によって、ボルトが受ける応力振幅$\sigma_a$と平均応力$\sigma_m$は、図2-17から分かるように下式で表されます。

$$\sigma_a = \frac{(\Delta F_a/2)}{A_s} \tag{2-14}$$

$$\sigma_m = \frac{(F_i + \Delta F_a/2)}{A_s} \tag{2-15}$$

図2-15（b）で説明したように、一般に疲労強度$\sigma_w$は平均応力$\sigma_m$の影響を受けて低下します。ねじ締結体の場合では、締付け軸力$F$が主に平均応力$\sigma_m$としてボルトに作用するので、締め付け過ぎは疲労強度$\sigma_w$の低下につながることが懸念されます。

しかし中高強度ボルトの場合には、締め付けによって第1ねじ谷底に生じる局所的な塑性変形の影響で、"シェイクダウン"という現象を生じて、平均応力$\sigma_m$としてボルトに作用する締付け軸力$F$の疲労強度$\sigma_w$への影響は小さくなることが知られています[37]。今、図2-17の上図にねじ谷底の変形の模式図を

示しています。このねじ部に示すように、ボルトを締め付けた時点で、第1ねじ谷底には局所的な塑性変形を生じます。しかし、ねじ底から離れた領域は塑性変形しておらず、弾性変形領域になります。イメージとしては、周囲は伸びていない状態の中で、ねじの谷底部の僅かな領域だけが伸びた状態になるので、谷底部のみの平均応力$\sigma_m$が緩和された状態になります。疲労き裂は、主に第1ねじ谷底から発生するので、締付け軸力による応力が緩和された第1ねじ谷底からの疲労き裂の発生には、平均応力$\sigma_m$の影響が小さくなるということです。これが、ねじ谷底におけるシェイクダウンという現象です。

**図 2-17** ねじ締結体に作用する外力振幅とボルトが受ける荷重振幅

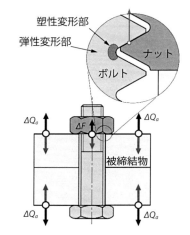

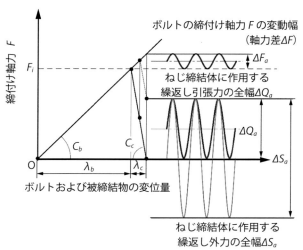

| 第2章 | ねじの締結作業のための準備と設計 |

　したがって、中高強度ボルトの締結の場合には、締め付け過ぎによる疲労強度の低下は少なくなり、締付け軸力を大きくできます。締付け軸力が大きくなると、ゆるみに対する抵抗力も増加するので、結果として疲労やゆるみに対して効果的であるということになります。

　ここでねじ締結体の設計では、要するにボルト単体の疲労強度$\sigma_w$を式（2.14）に代入して（$\Delta F_a/2$）を求め、（$\Delta F_a/2$）を式（2.13）に代入して、ボルトが疲労破壊せずねじ締結体に負荷できる最大の繰返し荷重（ねじ締結体の疲労強度）$\Delta Q_{aw}$の値を算出することが必要になります。ここで、もし算出したねじ締結体の疲労強度$\Delta Q_{aw}$よりも大きな軸方向外力$\Delta Q_a$が作用するような場合には、内外力比$\phi$を小さくするか、ボルト単体の疲労強度$\sigma_w$を上げるなどの設計変更が必要になります。

　前節で説明しましたが、ボルト単体の疲労強度$\sigma_w$は強度区分を上げても大きくは上がりません。したがって、ボルトの軸径を細くした"伸びボルト"などを用いて、ボルトのばね定数を下げて内外力比$\phi$を下げるなど、設計上の工夫が必要になります。

---

### ミニコラム　●　ボルト締結体とリベット接合体　●

　ボルト締結体における最大の強みは、被締結部材に締付け軸力を与えることができることです。締付け軸力を与えることで、ボルト締結体に外力が作用しても、ボルトは外力をすべて受けるわけでなく、内外力比に依存した分だけを負担すればよいのです。それに対してリベットは、締付け軸力はほとんど与えることができません。したがって、リベット接合体に外力が作用すると、外力はすべてリベット自体で負担しなければなりません。この点では、ボルト締結体の方が優れているといえます。しかし、ボルト締結体が完全にゆるんでしまった場合、ボルトやナットが脱落する危険性があります。それに対してリベット接合体の場合には、破断しない限りは脱落しません。その点では、リベットの方が優れているといえるのかもしれません。

---

### 要点 ノート

ボルト締結体の疲労強度は、ボルトが疲労破断しない荷重振幅の最大値であり、ボルト単体の疲労強度とは異なります。本来、ボルト締結体の疲労強度は応力振幅ではないので、疲労強度と呼ぶべきではないかもしれません。

## 【5】 信頼性の高い設計とは

# ねじ締結体の疲労破壊を
# 防止する設計

　ねじ締結体の疲労破壊を防止するには、ねじ締結体に作用する外力を予測し、前節のプロセスに従って、ボルト単体の疲労強度を把握し、ねじ締結体の内外力比を計算して、ボルトが疲労破壊しないねじ締結体を設計することが重要です。なお、この設計に加えて、外力よりも十分に大きな締付け軸力で、しっかりと締め付けることも重要です。したがって、ねじ締結体の疲労破壊を防止し、信頼性を確保するには、設計者ばかりでなく、ねじを締め付ける現場作業者も大きな責任を担うことになります。

　「そんなことはいわれなくてもわかっているよ」という声が聞こえてきそうですが、やはり着実にこれらのプロセスを踏んでこそ、信頼性の高い設計ができるというものです。

　ここでは、疲労の問題に着目し、何とか疲労破壊を起こさない手立てについて、いくつか説明します。

　まず、第1ねじ谷底での応力を低減することです。**図2-18**に、第1ねじ谷底の応力集中の低減策を示しています。1つの策として、めねじの入り口側が若干開くように、めねじの入り口部は僅かなテーパを与えることです。僅かなテーパを与えることで、入り口に向かってピッチを僅かずつ大きくしていき、第1ねじの荷重負担を低減します。また、めねじの入り口側のねじ山を若干落として、基準のひっかかり高さ $H_1$ に対する実際のひっかかり高さ $H_1'$ の割合であるひっかかり率（図1-6参照）を下げることも、第1ねじ谷底の応力集中の低減につながります。

　次に、図2-17や式（*2-2*）からわかるように、ボルトを伸びボルトにして、ボルトのばね定数を下げ、内外力比を下げることが有効です。ただ、伸びボルトにした場合に、ボルトの有効断面積が減少し、ボルトの強度が低下する点については十分注意を払うべきです。その他、対応としてはいろいろと考えられますが、何をすればボルトに作用する力が低下するか、どうすれば外力からボルトの破断部である第1ねじ谷底が受ける応力を低減できるかを考えることが何より重要です。

　最後に、設計が完璧であっても、締付け作業が不適切で、十分な締付け軸力

をねじ締結体に与えなければ、何もかもが無駄になります。したがって、疲労破壊を防ぐ設計の最後の作業は、目標締付け軸力や目標締付けトルク、締付け方法までをしっかりと現場に指示することです。

**図 2-18 | 締付けトルク**

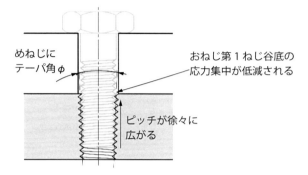

めねじにテーパ角φを設ける方法

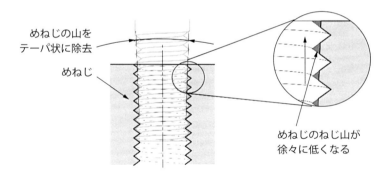

めねじのねじ山をテーパ状に削除する方法

> **要点 ノート**
>
> ボルト締結体の疲労破壊を設計で防止するには、ボルト締結体に作用する外力をできるだけ正確に予測し、また被締結部材のばね定数を、FEMなどを用いて正確に把握して、適切なボルトの選定、締付け軸力の決定を行うことです。

# 5 信頼性の高い設計とは

# ねじ締結体を設計する上での注意点

　ねじ締結体を設計する場合の注意点はいくつもあると思います。本節では、基本的なところで、著者が気づいた点について記します。

　まず、ねじ締結体が軸方向に繰返し外力を受けるような場合です。**図2-19**の左側のねじ締結体のように、被締結部材のばね定数（剛性）が高い場合、すなわちボルトのばね定数に比べて被締結部材のばね定数が十分に高い場合は、同図の締付け線図に示すように内外力比も小さくなり、締付け作業がきちんと行われ、余程大きな外力が加わらなければ問題ありません。

　しかし、図2-19の右側のねじ締結体のように、被締結部材の間に空間があってばね定数が低い場合や、被締結部材のヤング率がボルト材に比べて小さい場合は、破線で示す締付け線図のように、内外力比が大きくなり、疲労破壊の危険性が増加します。そのような場合には、伸びボルトを使用してボルトのばね定数を下げるか、被締結部材のばね定数の向上を図る必要があります。

　次に、ねじ締結体が軸直角方向に繰返し外力を受けるような場合です。ねじ締結体の軸直角方向に、比較的大きな繰返し外力が作用して、被締結部材間ですべりを生じ、またそのすべりによりボルト座面およびねじ面にすべりが発生すると、戻り回転を伴うゆるみが発生します。戻り回転を伴うゆるみは、第2章3項「戻り回転を伴うゆるみ」で説明したように、一旦発生すると締付け軸力をほとんど消失します。したがって、必ず防止しなければなりません。

　このような場合の設計対応としては、**図2-20**に示すように、被締結部材間が軸直角方向にすべらないように段を設けることが有効です。ただし、ここで注意しなければならないのは、段を付けることで段の上側に隙間ができると、図2-19の被締結部材間に空間ができる場合と同じになるので、軸方向繰返し外力を受けないとしても、極力避けておくべきです。したがって、段の代わりに位置決めピンやリーマボルトなどの使用も考えられます。

　以上のように、疲労やゆるみの問題に対して、原因を消していくような設計を心がけてみると有効だと思います。

> 第2章 ねじの締結作業のための準備と設計

図 2-19 | 被締結部材のばね定数の違いによる軸方向外力の内力への影響

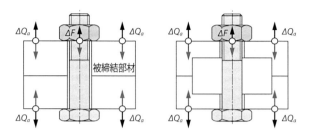

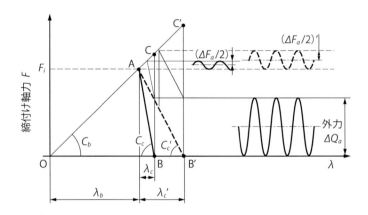

図 2-20 | 軸直角方向外力が作用した場合のゆるみ防止設計

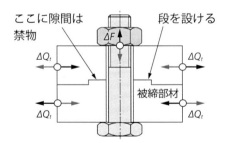

**要点 ノート**

ねじ締結体を設計する上での注意事項は、まずはゆるみや疲労破壊に対して個別に対処することです。その上で、設計上必要とする締付け軸力を決定し、その締付け軸力を得るための締付け作業指示を締結作業者に伝えることです。

## 【 第 **3** 章 】

# ねじ締結における問題と対策

# 【1】 ねじ部品の維持

# ねじ締結体を維持する上での問題と課題

　前章では、ねじ締結体の性能を維持するには、ボルトやナットなどのねじ部品が破損しないこと、また締付け軸力を維持することが重要であることを述べてきました。ねじ部品が破損しないようにすることは設計の問題のようですが、実は、現場の締結作業管理の問題であることが多いのです。

　その原因は、IoTやAIが普及し始めた現代においても、ねじ締結体の締付け軸力を1本1本管理することが難しいからです。また、ねじ締結体のゆるみや疲労破壊は、メンテナンス時に現場で発見されます。現場作業者が、ゆるみや疲労破壊を発見した時点で適切な状況把握をし、原因を見つけることができれば、より高度な対策が可能になります。以上のように、ねじ締結体の総合的な管理は、設計と現場が十分に意思疎通を図り、共に協力することが重要なのです。本章では、設計者はもちろんのこと、現場の締結作業者にも理解して頂きたい内容について説明していきます。

　それでは、ねじ締結体を締め付ける締付け管理法には、どのような方法があり、それらの方法がどのような特性や問題点を持っているのかについて説明します。**図3-1**に、六角穴付きボルトをめねじに締結した押えボルト締結体と、複数ボルト締結体を目標締付け軸力$F_i$で締め付けた場合の締付け軸力のばらつきを示しています。同図の下図において、ばらつく締付け軸力の最大値を$F_H$、最小値を$F_L$とします。

　ねじ締結体を締結する方法として、JIS B1083には3つの締付け管理法が規定されています[39]。また**表3-1**には、それらの締付け管理法において、締付け軸力を管理する指標、締結領域、締付け係数$Q$を示しています。

　表3-1において、第1番目の"トルク法"は、締付け軸力$F$の代わりに締付けトルク$T$を指標として締め付ける方法であり、ボルトの弾性域での締め付けに用いられます。トルク法は、その簡便な作業性から最も広く使用されている締付け管理法です。"回転角法"は、締付け回転角$\theta$を指標とする締付け管理法であり、ボルトの弾性域および塑性域での締結に使用されます。"トルク勾配法"は、締付け回転角$\theta$に対する締付けトルク$T$の勾配、すなわち締付けトルク$T$の微分値（$dT/d\theta$）を指標として締め付ける方法で、ボルトが塑性

96

変形した直後まで締め付ける方法です。
　ここで、表3-1の締付け係数$Q$について説明します。締付け係数$Q$は、各締付け管理法における締付け誤差を表す係数であり、図3-1の下図に示すように、各方法を用いて締め付けたねじ締結体の締付け軸力$F$が、最小値$F_L$、最大値$F_H$の間でばらついたとき次式で表されます。

$$Q = \frac{F_H}{F_L} \qquad (3\text{-}1)$$

　式（3.1）ではわかりにくいので、締付け軸力が目標締付け軸力から大小に同じ幅でばらつくと仮定すると、そのばらつき幅は表3-1の締付け係数$Q$の右側に示す値になります。すなわち、トルク法では目標値に対して±17％〜±

### 図 3-1　押えボルト締結体の締付け状態と締付け軸力のばらつき

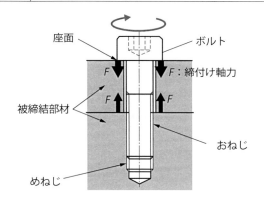

締付けトルク：$T$
締付け回転角：$\theta$
締付けトルク勾配：$dT/d\theta$

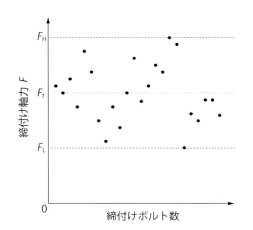

**表 3-1** 代表的なねじの締付け管理方法（JIS B1083[39] より一部抜粋）

| 締付け管理法 | 指　標 | 締結領域 | 締付け係数 Q | ばらつき幅 |
|---|---|---|---|---|
| トルク法 | 締付けトルク | 弾性域 | 1.4〜3 | ±17％〜±50％ |
| 回転角法 | 締付け回転角 | 弾性域 | 1.5〜3 | ±20％〜±50％ |
| | | 塑性域 | 1.2 | ±10％ |
| トルク勾配法 | 締付け回転角に対する締付けトルクの勾配 | 弾性限界 | 1.2 | ±10％ |

50％ばらつき、回転角法の弾性域締付けでは±20％〜±50％、回転角法の塑性域締付けでは±10％、トルク勾配法では±10％ばらつくことが、JISに明記されているのです。

　回転角法の塑性域締付けやトルク勾配法では、ばらつき幅は±10％程度であり、この方法で締め付ければ問題ないのでは、と思われるかもしれません。しかし、回転角法の塑性域締付けやトルク勾配法は、締付け軸力が極めて高く使用個所が限られます。したがって、これらの方法をすべての締結に使用することはできないのです。

　締付け軸力がこれほどばらつくものと知っていましたか？。機械いじりが好きな方でも、「ねじは、ちゃんとトルクレンチで管理しているから大丈夫」と思っている方が案外多いのではないでしょうか？実は、締付けトルクを管理したとしても、締付け軸力は目標値に対して±17％〜±50％もばらついてしまうのです。ねじの締付け精度は、古くからねじ締結の最大の問題として取り上げられており、これまで多くの特許や研究論文が発表されています。しかし、JIS B 1083に規定された3つの方法以外に、未だ広く普及する方法は提案されていません。この問題が解決できれば、ねじ締結体の信頼性は飛躍的に向上し、最高の締結方法と言えますが、そうなるには今しばらく時間がかかりそうです。

　さて、このように大きくばらつく締付け軸力ですが、安全に使用するためには、このばらつきを低減しなければなりません。そのためには、ねじ締結体の設計者ばかりでなく、現場スタッフや締結作業者の力が必要です。またそこが、現場スタッフや締結作業者の力の見せどころなのです。次節以降、これらの締付け管理法の理論や締付け時の勘所について説明していきます。

# 第3章 ねじ締結における問題と対策

## ミニコラム ● 摩擦係数 ●

　一般に用いられる摩擦の考え方であるクーロン摩擦（Coulomb's friction law）における摩擦力$F$は、下図の左図に示すように、接触面積やすべり速度に関係なく、接触する面に作用する垂直力$N$に比例します。摩擦力$F$と接触面の垂直力$N$の間の比例定数が摩擦係数$\mu$です。このクーロン摩擦において、接触面積$A$が摩擦力$F$に関係ないのは、見かけ上の接触面積$A$が大きくなっても、真実接触面積は変わらないからです。

　著者は、学生時代に当時の担当教員から「接触する2つの面には細かな凸凹があり、実際に接触する面積（真実接触面積）は小さい点の集合であり、見かけの接触面積$A$に比べて極めて小さい。この状態で、見かけの接触面積$A$が大きくなると、実際に接触する点の数は増えるが、点が増えることによって実際の接触面圧$\sigma_c$は低下するので、接触する各点の面積は小さくなる。したがって、実際に接触している真実接触面積は変わらない」という説明を受けました。この法則は、機械工学において極めて重要な法則であり、接触部を持つ機械要素のほとんどは、この法則に基づいて理論が構築されています。また、著者が行ってきた実験的経験においても、この法則は様々な状況で成立します。しかし、下の右図のように、僅かに傾いて片当たりをした状態で摩擦力はクーロン摩擦に従うのでしょうか？

　著者は、ねじ締結体における座面やねじ面の接触状態は、いつも左図のようにきれいに接触しているわけではなく、ボルト形状のばらつきによって、接触面が右図のようになったり、左図のようになったりして、それがトルク法における座面やねじ面の摩擦係数のばらつきの原因になっていると考えています。現在、この考えを明らかにするために研究を進めています。

## 要点 ノート

ねじ締結体の3つの締付け管理法の内、ボルトの弾性域で締結を行うトルク法や回転角法では、目標値に対して±20%〜±50%も大きくばらつきます。このばらつきを低減するためには、設計者だけでなく締結作業者の力が必要です。

# 【1 ねじ部品の維持

# トルク法締付け

　トルク法は、締付け軸力 $F$ の代わりに、締付けトルク $T$ を指標として管理する方法です。**図3-2**は、ボルト・ナット締結体のボルトを、締付けトルク $T$ で締付ける場合の概要図と、ねじ部の力学状態を単純に表した図です。なお図の関係上、ボルトを締付けていますが、ナットを締付ける場合も理論的には同じことです。

　さて同図において、ボルト・ナット締結体の上側に示している図は、ナットのめねじのリード面（らせん状のねじ面）を、ボルトのおねじが上っていく（締付けられていく）ときの状態を表した図です。

　ここで太い実線で描いたボルトのおねじの一部は、締付け軸力 $F$ が下向きに作用した状態で、「ねじ部トルク $T_{th}$」によってねじ部に作用する力 $R_{th}$（$T_{th}$ をトルク半径（$d_2/2$）で除した値）を受けてめねじのリード面を上っていきます。このとき、$F$ と $R_{th}$ のリード面に対して垂直な成分に、ねじ面の摩擦係数 $\mu_{th}$ をかけた値である摩擦力 $S$ が、おねじが進む方向とは逆に作用します。したがって、おねじがめねじのリード面の坂を上るための力 $R_{th}$ は、ねじ面の摩擦力 $S$ とリード面を上るための力（締付け軸力を生じさせるための力）の水平方向の和になり、$R_{th}$ に回転中心からの距離（$d_2/2$）をかけた値が、ねじ部トルク $T_{th}$ になります。

　図3-2において、ボルトを締め付ける締付けトルク $T$ は、おねじを回転させて締め付けるためのねじ部トルク $T_{th}$ と、被締結部材とボルトが接触する座面での摩擦トルク「座面トルク $T_b$」に消費されます。ナットを締め付ける場合には、ナットと被締結部材が接触する座面での摩擦トルクが、座面トルク $T_b$ になります。

　ここで、ボルトに与える締付けトルク $T$ は、ねじ部トルク $T_{th}$ と座面トルク $T_b$ の和として次式で表されます。

$$T = T_{th} + T_b \tag{3-2}$$

ねじ部トルク $T_{th}$ は、ねじ面間の摩擦係数を $\mu_{th}$ として次式で表されます。

$$T_{th} = \left( \mu_{th} \cdot \frac{d_2}{2} \cdot \sec\beta' + \frac{P}{2\pi} \right) \cdot F \tag{3-3}$$

第3章 ねじ締結における問題と対策

### 図 3-2 締付け時のねじ部が受ける力の詳細とねじ部と座面のトルク

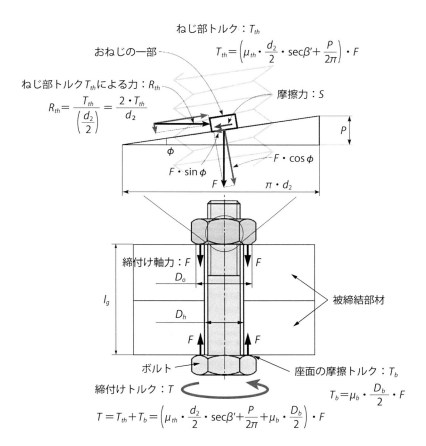

また式 (3-3) において、括弧内の第1項がねじ面の摩擦トルクの係数、第2項が締付け軸力 $F$ を生じさせるための係数を表しています。

式 (3-2) における座面の摩擦トルク $T_b$ は、座面の摩擦係数を $\mu_b$、座面トルクの等価直径を $D_b$ として次式で表されます。

$$T_b = \mu_b \cdot \frac{D_b}{2} \cdot F \tag{3-4}$$

式 (3-4) における座面トルクの等価直径 $D_b$ は、座面の接触部外径を $D_o$、座面の接触部内径を $D_h$ として次式で表されます。

$$D_b = \frac{D_o + D_h}{2} \tag{3-5}$$

式 (3-2) に、式 (3-3) と (3-4) を代入すると、締付けトルク $T$ と締付け軸力 $F$ の関係が、次式で表されます。

$$T = \left( \mu_{th} \cdot \frac{d_2}{2} \cdot \sec\beta' + \frac{P}{2\pi} + \mu_b \cdot \frac{D_b}{2} \right) \cdot F \qquad (3\text{-}6)$$

式 (3-6) の $F$ に、目標締付け軸力 $F_t$ を代入すると、目標締付けトルク $T_t$ が算出されます。そのトルク $T_t$ まで締め付けるのが、トルク法締付けです。

また式 (3-6) を、トルク係数 $K$ という無次元数を用いて表すと、

$$T = K \cdot d \cdot F \qquad (3\text{-}7)$$

となります。式 (3-7) における $d$ はボルトの呼び径であり、トルク係数 $K$ は次式で表されます。

$$K = \frac{1}{2d} \left( \mu_{th} \cdot d_2 \cdot \sec\beta' + \frac{P}{\pi} + \mu_b \cdot D_b \right) \qquad (3\text{-}8)$$

さて、式 (3-6) で表される締付けトルク $T$ と締付け軸力 $F$ の関係は非常に明快で、式 (3-6) から算出された目標締付けトルク $T_t$ で締付け作業を行えば、締付け軸力 $F$ がばらつくとは思えません。

何が締付け軸力のばらつきの原因なのでしょうか。それは、式 (3-6) に含まれる「ねじ面の摩擦係数 $\mu_{th}$」と「座面の摩擦係数 $\mu_b$」が、締め付けごとに1本1本ばらつくことが原因だといわれています。

**図3-3** に、ボルト・ナット締結体を締め付ける際の締付けトルク $T$ に対する締付け軸力 $F$ の挙動を示しています。同図において、このボルト・ナット締結体におけるねじ面と座面の摩擦係数の平均値は $\mu_{th} = \mu_b = 0.15$ で、実際の締結では0.15から $\pm 0.05$ だけばらつくと仮定します。いま、$\mu_{th} = \mu_b = 0.15$ における締付け軸力 $F$ の挙動を、図3-3の太い一点鎖線で示し、摩擦係数が最小の $\mu_{th\text{-min}} = \mu_{b\text{-min}} = 0.1$ の場合の締付け軸力 $F$ の挙動を黒い実線で、摩擦係数が最大の $\mu_{th\text{-max}} = \mu_{b\text{-max}} = 0.2$ の場合の締付け軸力 $F$ の挙動を灰色の実線で示します。

$\mu_{th} = \mu_b = 0.15$ を用いて、式 (3-6) より目標締付け軸力 $F_t$ に対する目標締付け軸力 $T_t$ を算出し、$T_t$ で締結したとします。実際の締結では、$\mu_{th}$ と $\mu_b$ は $\pm 0.05$ だけばらつくので、そのときの締付け軸力 $F$ は、横軸上の $T_t$ から真直ぐ上に線を上げて、$\mu_{th\text{-max}} = \mu_{b\text{-max}} = 0.2$ の線との交点Aから、$\mu_{th\text{-min}} = \mu_{b\text{-min}} = 0.1$ の線との交点Bまでばらつくことになります。

さらに、締付け作業において、締付け工具などの影響で、停止トルクに誤差が出たとします。そうなると、最終的な締付け軸力 $F$ は点Cから点Dまでばらついてしまうことになります。このように、$\pm 0.05$ 程度の僅かな摩擦係数のばらつきでも、締付け軸力 $F$ のばらつきは大きく拡大されることになります。

これは、設計者も十分対応しなければなりませんが、設計者だけではどうす

第3章 ねじ締結における問題と対策

ることもできず、やはり現場の締結作業者が「摩擦係数のばらつきの原因は何か。締結ごとに何が変わったか」を常に気に留めることが、ばらつきを低減する唯一の解決の道になります。ここからは、ねじ締結体の摩擦係数がどの程度ばらつくのか、摩擦係数の測定方法はどうするのかについて説明します。

図 3-3 トルク法締付けにおける締付けトルク $T$ と締付け軸力 $F$ の関係

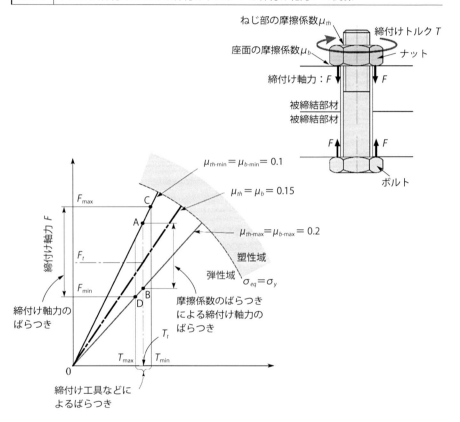

**要点 ノート**

トルク法における締付け軸力ばらつきの原因は、ねじ面と座面の摩擦係数のばらつきです。僅かな摩擦係数のばらつきが、大きな締付け軸力のばらつきを引き起こします。

103

## 【1】ねじ部品の維持

# ねじ面と座面の摩擦係数

　前節で説明したように、トルク法の締付け軸力のばらつきは、ねじ面と座面の摩擦係数$\mu_{th}$と$\mu_b$のばらつきといわれています。それでは、どうすればねじ面と座面の摩擦係数のばらつきを低減し、安定化できるのでしょうか。

　**表3-2**に、日本ねじ研究協会において過去に調べられたねじ面と座面の摩擦係数を示しています[39]。表3-2の摩擦係数は、4種類の潤滑条件、2種類の表面処理条件に対して調べられています。表3-2を見ると、ねじ面の摩擦係数$\mu_{th}$よりも、座面の摩擦係数$\mu_b$の方がばらつき幅は大きいことがわかります。また当たり前ですが、潤滑油を用いないよりも、潤滑油を用いた方が摩擦係数のばらつきを低減できることもわかります。

　しかし、二硫化モリブデン（$MoS_2$）グリースの場合ではある程度のレベルまで摩擦係数のばらつきを低減できていますが、それ以外は十分に摩擦係数のばらつきを低減できているとは言い難い結果です。一般に、2つの物体が一様に接触したときの摩擦係数は、主に接触面の表面粗さと潤滑状態に依存すると考えられています。表3-2の実験では、ねじ締結体の潤滑状態や表面粗さは、ある程度の範囲内で揃えられています。また、二硫化モリブデングリースは、高い接触面圧下であっても高い潤滑特性を示す潤滑油です。そのような潤滑油を用いても十分に安定しないのはなぜでしょうか。

　これまで著者は、締結時の座面の摩擦係数$\mu_b$のばらつきに着目して研究を行い、その中で座面の摩擦係数$\mu_b$のばらつき原因の一つとして、ボルトの幾何学的形状誤差が関係することを示しました[40]。一般的なボルトは、コイル状に巻かれた線材から1本のボルトに必要な長さに切り出され、矯正機で伸ばされた後、ボルト頭部を成形し、ねじ部を転造し、熱処理をして製造されます。そのため、ボルト1本1本で数$\mu$m〜数百$\mu$m程度の形状誤差を生じていてもおかしくはありません。また、ボルト座面の直角度誤差は、JISにおいてボルトの軸に対して直角から1.0°まで許容されています[41), 42)]。そのようなボルトを締結する際のねじ面や座面の接触状況は、ボルト1本1本で異なることは容易に想像がつきます。

　結果的に、ボルト1本1本での接触状況の違いが、ねじ面および座面の摩擦

第3章　ねじ締結における問題と対策

係数$\mu_{th}$、$\mu_b$のばらつきの原因の一つになっているのです。そのため、ねじ面と座面の摩擦係数のばらつきを低減するには、ボルトの形状誤差の低減も考慮する必要があります。

　次節では、ねじ面と座面の摩擦係数の測定法について説明し、その後にボルト座面の形状が座面摩擦係数$\mu_b$に与える影響について説明します。

表3-2 ｜ ねじ面および座面の摩擦係数（ねじ締結体設計のポイント [39] より抜粋）

| 潤滑油 | 表面処理なし ボルト・ナット | | 亜鉛めっきクロメート処理 ボルト・ナット | |
|---|---|---|---|---|
| | $\mu_{th}$ | $\mu_b$ | $\mu_{th}$ | $\mu_b$ |
| 60スピンドル油 （ISO VG10相当） | 0.17〜0.20 | 0.16〜0.22 | 0.13〜0.17 | 0.15〜0.27 |
| 120マシン油 （ISO VG46相当） | 0.14〜0.18 | 0.12〜0.23 | 0.11〜0.15 | 0.13〜0.19 |
| $MoS_2$グリース | 0.09〜0.12 | 0.04〜0.10 | 0.09〜0.11 | 0.09〜0.12 |
| 無潤滑 | 0.17〜0.25 | 0.15〜0.70 | 0.10〜0.18 | 0.17〜0.50 |

試験条件）　ボルト：M10　強度区分8.8　　表面粗さ 表面処理なし　ねじ面　　12.5S
　　　　　　　　　　　　　　　　　　　　亜鉛めっきクロメート　ねじ面　　3.2S
　　　　　　ナット：六角2種、強度区分8　表面処理なし　ねじ面　　12.5S
　　　　　　　　　　　　　　　　　　　　　　　　　　　座面　　3.2S
　　　　　　　　　　　　　　　　　　　　亜鉛めっきクロメート　ねじ面　　25S
　　　　　　　　　　　　　　　　　　　　　　　　　　　座面　　3.2S
　　　　　　座面板：SCM435、HRC40　熱処理後研削　　　　0.4S
　　　　　　締付け速度：2 rpm

---

**ミニコラム　● ねじ締結におけるねじ面と座面の接触圧力 ●**

　ねじ締結体における座面の接触圧力は、M10の六角穴付きボルトを締付け軸力40 kNで締め付けた場合で約380 MPaも作用し、一般的な機械部品の接触圧力よりも極めて高い状態です。さらに、ねじ締結体における座面やねじ面は、摩擦接触しながら接触圧力が急激に増加するので、通常の摩擦状態よりも極めて過酷な状態にさらされているといえます。ねじ面および座面での焼付きを防止し、安定した締付け管理を実現するためには、やはり適切な潤滑剤を使用することが必要です。

---

**要点 ノート**

ねじ面の摩擦係数と座面の摩擦係数は、かなり大きくばらつきます。そのばらつきの原因の一つは、ボルトの形状誤差です。したがって、ねじ面と座面の摩擦係数のばらつきを低減するには、ボルトの形状誤差の低減が必要です。

# 【1 ねじ部品の維持

# ねじ面と座面の摩擦係数の計測

　ここでは、実際に使用しているねじ締結体の摩擦係数の測定について説明します。JIS B1084には、「締結用部品−締付け試験方法−」として、トルク係数$K$、総合摩擦係数$\mu_{tot}$、ねじ面の摩擦係数$\mu_{th}$、座面の摩擦係数$\mu_b$などの測定法が規定されています[43]。

　総合摩擦係数$\mu_{tot}$とは、ねじ面の摩擦係数$\mu_{th}$と座面の摩擦係数$\mu_b$を個別に求めることができないとき、すなわち、締付けトルク$T$と締付け軸力$F$の関係は測定できますが、式（3-2）におけるねじ部トルク$T_{th}$と座面トルク$T_b$を個別に測定できない場合に、両者を同じ摩擦係数$\mu_{tot}$として、次式で求められる摩擦係数です。

$$\mu_{tot} = \frac{\dfrac{T}{F} - \dfrac{P}{2\pi}}{\dfrac{d_2}{2} \cdot \sec\beta' + \dfrac{D_b}{2}} = \frac{\dfrac{T}{F} - \dfrac{P}{2\pi}}{0.577 \cdot d_2 + 0.5 \cdot D_b} \qquad (3\text{-}9)$$

　ねじ締結体におけるねじ面の摩擦係数$\mu_{th}$、座面の摩擦係数$\mu_b$を導出するには、締付け軸力$F$、締付けトルク$T$、ねじ部トルク$T_{th}$および座面トルク$T_b$の計測が必要です。この中で、締付けトルク$T$は締付け時にトルクレンチでの計測が可能です。また座面トルク$T_b$は、締付けトルク$T$からねじ部トルク$T_{th}$を引くことで、計算することができます。したがって、ボルトで計測が必須なのは、締付け軸力$F$とねじ部トルク$T_{th}$になります。

　**図3-4**に、締付け軸力$F$とねじ部トルク$T_{th}$を測定するためのひずみゲージの貼付方法の一例を示しています。同図（a）は、締付け軸力$F$の測定用として近年用いられているボルト用ひずみゲージをセットした状態です。このひずみゲージは、ボルトの中央に細い穴を設けて、その穴にひずみゲージを埋め込むタイプです。このひずみゲージは、ひずみゲージ自体が細い円柱状になっているので、トルクの影響を受けにくく締付け軸力$F$の測定に適しています。ひずみゲージの埋め込みから校正までメーカーで行ってくれるので、使用する側としてはかなり楽です。

　同図（b）は、ボルト円筒部表面に通常の1軸のひずみゲージを貼付した状

## 第3章 ねじ締結における問題と対策

**図 3-4** 締付け軸力 $F$ およびねじ部トルク測定 $T_{th}$ のためのひずみゲージ貼付法

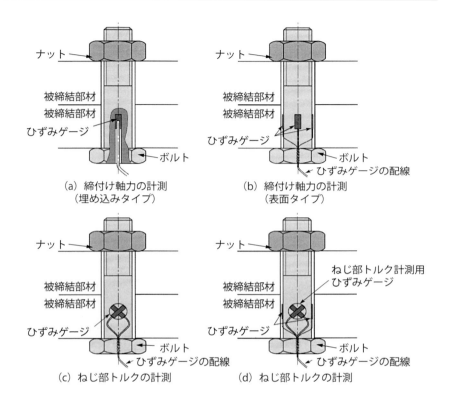

(a) 締付け軸力の計測
（埋め込みタイプ）

(b) 締付け軸力の計測
（表面タイプ）

(c) ねじ部トルクの計測

(d) ねじ部トルクの計測

態で、1枚のひずみゲージによる1ゲージ法での測定も可能ですが、ボルト円筒部に対向して2枚貼り、2ゲージ法で測定すると、ひずみゲージを張った方向の曲げをキャンセルできます。またボルト円筒部に90°ごとに4枚貼って4ゲージ法で測定すると、測定感度も向上してすべての方向の曲げの影響もキャンセルされます。また4枚のひずみゲージから個別にひずみを測定すると、締付け時にどの方向に曲げが生じているかも測定できます。なお、ひずみゲージの配線は、円筒部に沿わせるように接着剤で貼付し、円筒部から真っ直ぐ配線を出せるように、ボルト頭部に直径1〜1.5 mm程度の穴を1カ所から2カ所設けて取り出すといいでしょう。

図3-4（c）は、ねじ部トルク $T_{th}$ を測定するために、90°直交した2枚のゲージが一体となったひずみゲージを貼付した状態です。この状態で2ゲージでの

測定も可能ですが、このひずみゲージをボルト円筒部に対向して貼付することで、4ゲージで測定することもできます。ひずみゲージを貼付する際、ボルトの軸に正確に±45°方向にひずみゲージを貼付することが重要です。またひずみゲージの配線は、図3-4（b）と同じように取り出すことができます。

図3-4（d）は、締付け軸力$F$とねじ部トルク$T_{th}$を測定するために、円筒部に2枚の1軸ひずみゲージを締付け軸力$F$測定用のひずみゲージとして対向して貼付し、また円筒部に90°直交のひずみゲージをねじ部トルク$T_{th}$測定用のひずみゲージとして対向して貼付した状態です。なお、締付け軸力$F$測定用のひずみゲージには図3-4（a）のボルト用ひずみゲージを用いることも可能です。またひずみゲージの配線も、図3-4（b）と同じように取り出すことができます。

このように、ひずみゲージをうまく使用することで、締付け軸力$F$、締付けトルク$T$およびねじ部トルク$T_{th}$を測定できます。測定した締付け軸力$F$とねじ部トルク$T_{th}$からは、式（3-3）を用いてねじ面の摩擦係数$\mu_{th}$を導出できます。また、締付けトルク$T$とねじ部トルク$T_{th}$の差から座面トルク$T_b$を算出し、締付け軸力$F$と座面トルク$T_b$から、式（3-4）を用いて座面の摩擦係数$\mu_b$を導出することができます。

トルク法の締付け精度を上げるためには、何より使用しているねじ締結体そのもので、正確なねじ面の摩擦係数$\mu_{th}$と座面の摩擦係数$\mu_b$を知ることが重要です。ボルトにひずみゲージを貼ることが面倒で、どうしても測定のハードルは上がりがちですが、ぜひとも摩擦係数の導出を行うことをお勧めします。また場所の制約で、締付け軸力$F$と締付けトルク$T$だけしか測定できないとしても、式（3-7）と式（3-9）からトルク係数$K$と総合摩擦係数$\mu_{tot}$は導出できます。それだけでも、ねじ締結体の信頼性を大きく向上することができます。

さて測定に関連して、締付け時のねじ面の摩擦係数$\mu_{th}$と座面の摩擦係数$\mu_b$とは直接関係ありませんが、使用中のねじ締結体の状態を知る上で、ねじをゆるめる際のトルクである「戻しトルク」を、メンテナンス時には測定しておくことをお勧めします。戻しトルクにおける締付け軸力$F$と締付けトルク$T$の関係は、締付け時とは異なり、式（3-6）の第2項の符号がマイナスになります。また、ねじ面の摩擦係数$\mu_{th}$と座面の摩擦係数$\mu_b$が、締付け時は動摩擦係数なのに対して、戻しトルクでは静摩擦係数になるので、同じ土俵で比較することもできません。したがって、あくまで使用中のねじ締結体の状態の参考値にしかなりませんが、ゆるみの原因や疲労破壊の原因を究明する上で、大きな手がかりになることがあります。

# 第3章 ねじ締結における問題と対策

### ミニコラム ● 締付け試験装置 ●

　ねじ締結体において、潤滑剤の有効性を確認したり、ボルトやナット、被締結部材の材質がねじ面や座面の摩擦特性に与える影響を確認したりするためには、締付け試験を行う必要があります。ここでは参考のために、著者がこれまで実験に使用してきた締付け試験装置を紹介します。

　締付け試験装置は、下図（a）に示すように、締付けトルク $T$ 測定用のトルク変換器を介して、ボルト締結体をサーボモータで締め付けます。締付け回転角 $\theta$ は、サーボモータ上部に取り付けられたロータリエンコーダで測定します。また、締付け完了時にサーボモータを即座に停止できるように、サーボモータには電磁ブレーキも着いています。

　下図（b）に、ボルト締結体の内部構造を示しています。この装置の特徴として、ねじ部摩擦係数 $\mu_{th}$ と座面部摩擦係数 $\mu_b$ を個別に測定するために、下図（b）の中央下部にねじ部トルク $T_{th}$ と締付け軸力 $F$ を測定するための２軸のロードセルを用いています。このロードセルにボルトの頭部側を固定し、これらを覆うように上部被締結部材を固定します。上部被締結部材の上部側から、ナットでボルトを締め付けることで試験を行います。このような構造にすることで、締付け軸力 $F$ と締付けトルク $T$、ねじ部トルク $T_{th}$、締付け回転角 $\theta$ をすべて個別に測定することができます。なお座面トルク $T_b$ は、締付けトルク $T$ とねじ部トルク $T_{th}$ との差として測定します。また、２軸のロードセルにめねじ部品を取り付けて、ボルトで締結することも可能です。

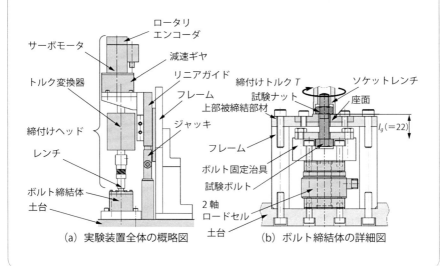

（a）実験装置全体の概略図　　（b）ボルト締結体の詳細図

---

**要点 ノート**

ねじ面の摩擦係数と座面の摩擦係数を正確に把握するためには、実際のねじ締結体で締付け軸力や締付けトルク、ねじ部トルクを測定して、ねじ面の摩擦係数と座面の摩擦係数を導出することが重要です。

# 【1 ねじ部品の維持

# ボルトの形状精度の重要性

前節において、座面の摩擦係数$\mu_b$のばらつき原因の一つとして、ボルトの幾何学的形状誤差が関わることに触れました。**図3-5**に、六角穴付きボルトの座面の縁に存在する僅かな座面形状誤差を示しています。これは、ボルト座面の形状を測定したものですが、この形状誤差は高さ$30\sim70\ \mu m$くらいの範囲で、市販のボルトの半数以上のボルトに存在していました[44]。

**図3-6**は、図3-5に示した座面形状誤差を想定して、ボルト座面に僅かな円錐角を旋盤で与えて、締付け過程における座面摩擦係数$\mu_b$を測定した実験の一例です[44]。図3-6（a）において、TypeAはボルトの軸に対して直角からボルトの頭部側に円錐角を1°与えた座面であり、TypeBはTypeAとは逆に円錐角を-1°与えた座面です。図3-6（b）は、横軸に締付け軸力に相当する座面の圧縮荷重$F_c$を取って、座面摩擦係数$\mu_b$の挙動を表したグラフです。

図3-6（b）から、TypeAでは座面摩擦係数$\mu_b$がそれほど変化していませんが、TypeBでは座面摩擦係数$\mu_b$が$F_c=10kN$を過ぎた辺りから$0.2\sim0.1$まで急激に低下していることがわかります。これは、数十$\mu m$程度の座面形状誤差により、締付け過程で座面摩擦係数$\mu_b$が半減することを示しています。

この結果は、目標締付け軸力$F$が$F=10kN$の場合と$F=25kN$の場合において、同じトルク係数$K$を用いてトルク法で締め付けた場合、大幅な締付け誤差を生じることを示しています。

ボルト座面の直角度誤差は、ボルトの軸に対して直角から1.0°まで許容されています[41], [42]。**図3-7**に示すようなボルト座面に相対的な直角度誤差を与えて、FEM解析により締付け軸力$F=15kN$で締め付けた後の接触面圧力を調べた結果を**図3-8**に示します。同図（a）は、ボルト座面の相対直角度誤差が0.0°で、誤差がない場合であり、同図（b）はボルト座面の相対直角度誤差が0.2°の場合、同図（c）は0.5°の場合、同図（d）は1.0°の場合を示しています。

図3-8を見ると、ボルト座面の相対直角度誤差が0.2°までは、締め付け後の接触面圧力は、座面でほぼ一様になっていることがわかります。それに対して0.5°の場合には、下側に接触していない部分が存在しています。1.0°の場合には、接触していない部分がかなり大きいことがわかります。この結果は、ボル

### 図 3-5 ボルトヘッドの座面縁のバリのような形状誤差

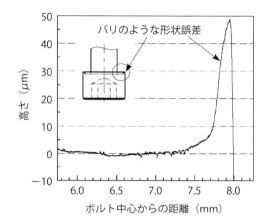

ト座面の直角度誤差が0.5°以上の場合には、座面の一様な接触状況は保たれず、もはや式（3-4）や式（3-5）は成り立たないことを示しています。したがって、ボルト座面の形状誤差が1本1本異なれば、見かけ上座面摩擦係数$\mu_b$が大きくばらついてしまうことは容易に想像できると思います。そのため、締付け精度を向上するには、このようなボルトの幾何学的形状精度も向上する必要があります。

では、ボルトの形状精度だけを向上すれば、締め付けの問題は解消されるのでしょうか。また、表面粗さや締付け速度が変わっても大丈夫なのでしょうか。**図3-9**に、機械油とポリイソブチレンで潤滑した状態で、異なる表面粗さ$R_a$における座面摩擦係数$\mu_b$を調べた結果を示しています。同図の横軸は表面粗さ$R_a$、縦軸が座面摩擦係数$\mu_b$です。この図を見ると、潤滑油にポリイソブチレンを用いた場合は、表面粗さ$R_a$の影響が小さいことがわかります。ボルトの形状誤差は、表面粗さなどに比べて極めて大きいので、ボルトの形状精度は向上するしかありませんが、表面粗さなどの影響は適切な潤滑油を選定することで十分に対応が可能だと考えられます。

ところで、トルク法における締付け精度の向上を考える場合、単にねじ面の摩擦係数$\mu_{th}$と座面の摩擦係数$\mu_b$のばらつき幅のみで考えるのではなく、「変動係数COV」で検討することが重要です。変動係数とは、ばらつきの標準偏差を平均値で除した値で表されます。例えば、摩擦係数$\mu$が$\mu=0.1$から±0.05ばらつくのと、$\mu=0.2$から±0.05ばらつくのでは、ばらつき幅は同じでもばらつきの割合は$\mu=0.2$の方が小さくなります。

トルク法において、締付け精度に大きく影響するのは、摩擦係数μのばらつき幅ではなく、摩擦係数μの変動係数になります。潤滑油の選定の際など、この点に着目すると、より適確な選定が可能になります。

**図 3-6** ボルト座面の円錐角誤差が座面摩擦係数に与える影響

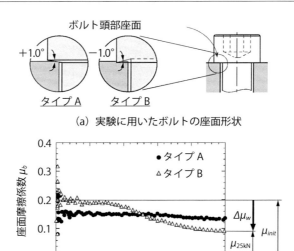

(a) 実験に用いたボルトの座面形状

(b) タイプAとタイプBにおける座面摩擦係数の挙動

**図 3-7** ボルト座面誤差による片当たり

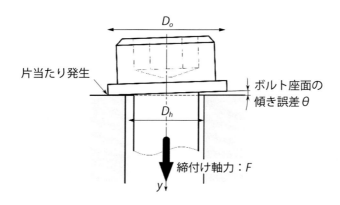

## 第3章 ねじ締結における問題と対策

### 図 3-8 | ボルト座面直角度誤差による座面接触応力分布の変化

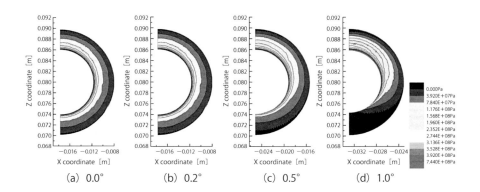

### 図 3-9 | 座面摩擦係数 $\mu_b$ への座面表面粗さの影響

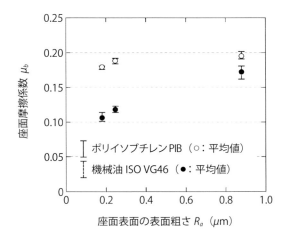

---

**要点 ノート**

ボルトの座面には、座面の縁に僅かな形状誤差が存在します。またボルト座面は、ボルトの軸に対して直角から1°の誤差まで許されています。それらの座面摩擦係数への影響は案外無視できない大きさです。

113

# 【2】締付け作業のポイント

# トルク法における
# 締付け作業上の注意点

　これまで、トルク法の理論や、ねじ面と座面の摩擦係数がどのような特徴を持っているかを説明してきました。ここでは、第1章4項でも簡単に説明しましたが、トルク法締付けを行う上での締付け作業上の注意点について説明します。

　図3-10に、六角ボルトや六角ナットをスパナやめがねレンチで締め付ける場合と、六角穴付きボルトを六角レンチで締め付ける場合の締付け作業中のイラストを示しています。同図の左側は、六角ボルトや六角ナットをスパナやめがねレンチで締め付ける際の図であり、右側は六角穴付きボルトを六角レンチで締め付ける場合の図です。

　レンチに、ボルトやナットを締め付けるための力$Q$を負荷するとき、どうしてもボルトが$Q$の向きに倒れたり、ナットが$Q$の向きに寄せられたりします。例えば座面が接触する前に、ボルトを$Q$の向きに倒して回転させると、摩擦トルクが大きくなるのを感じたことがあると思います。それは、おねじとめねじの接触状態が、締付け方向とは別の方向に片当たりを生じているからです。この片当たりは、当然座面でも生じます。

　このような状況では、ねじ面の摩擦係数$\mu_{th}$と座面の摩擦係数$\mu_b$は通常とは異なることが容易に予想できます。これが、締付け誤差の要因になります。したがって、締結作業において、締め付けるための力$Q$と同じ力で逆向きに、ボルトもしくはナットをサポートしてやると、ボルトを真っ直ぐ締め付けることができ、摩擦係数を極力安定させることができます。これは、設計者から現場に指示することではなく、できれば現場の締結作業者の方に気をつけてもらいたいことです。

　さて、これまで長々とトルク法締付けについて説明してきましたが、最後に、トルク法によりボルトもしくはナットを締め付ける場合に、どうすれば締め付けを安定させることができるかについて考えてみます。トルク法で安定して締め付けるには、主に以下の3つの事項に気を付ける必要があります。

①ボルトの幾何学的な形状精度は大丈夫か

②被締結部材の幾何学的な形状精度は大丈夫か

③締付け作業を行う際に、ボルトを傾かせずに締め付けているか

　1つ目の項目については、使用する現場で、例えばボルトの軸を旋盤でチャックして、ボルトの座面をボルトねじ部に対して直角に加工してみてください。それだけで締結の安定性は随分違います。これは、ナットを回転して締付ける場合であっても効果があります。

　2つ目の項目は、ボルトの精度を上げたのに、被締結部材の座面が傾いていたり、めねじが傾いていたりしたら、何の改善にもなりません。通常の機械構造物ではそれほど問題にならないかもしれませんが、めねじを被締結部材に加工する際には、下穴やタップが傾かないように気をつけてください。

　3つ目については、前述のとおり、締結作業者にお願いすべきことです。ちょっとした気遣いで随分改善できますので、ぜひ試してみてください。

図 3-10 ボルトの締付け作業における力の状態

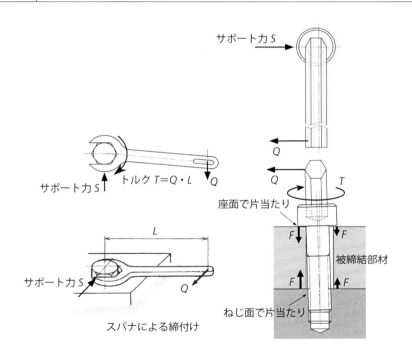

**要点ノート**
ねじ締結体の締付け作業で、ちょっとした気遣いが、締付け精度の向上につながります。実際に作業する方に実践してもらいたい内容です。

## 【2 締付け作業のポイント

# 増締めによる締付け確認

　締め付け後に、所定の締付けトルクで締め付けられているかなど、検査のために行われる作業が「増締め」です[45]。もちろん、締め付けが不十分であったり、ゆるんだりしているねじ締結体を、再度締め付ける作業も増締めです。ここでは、増締めによる締付け確認について説明します。

　**図3-11**に、上側に示す六角穴付きボルトの締付け過程と増締め過程におけるボルトの回転角$\theta$に対する締付け軸力$F$と締付けトルク$T$の挙動の概要図を、下側に示しています。同図のグラフにおいて、横軸はボルトの回転角$\theta$、縦軸は締付け軸力$F$と締付けトルク$T$であり、黒い実線が締付けトルク$T$を示し、灰色の実線が締付け軸力$F$を示しています。

　締付けトルク$T_1$でボルトを締め付けるとします。ボルトを締め付ける際、締付け軸力$F$と締付けトルク$T$は、ボルトの回転角$\theta$に対して線形に上昇します。そのとき、締付け軸力$F$と締付けトルク$T$の関係は、式（3-6）に示すようにねじ面の摩擦係数$\mu_{th}$と座面の摩擦係数$\mu_b$に依存しますが、そのときの摩擦係数は動摩擦係数になります。$T_1$まで締め付けた後に一旦レンチを外し、またレンチを取り付けて増締めを行います。

　増締めを開始する際、ボルトは止まっているので、ねじ面の摩擦係数$\mu_{th}$および座面の摩擦係数$\mu_b$は、共に静摩擦係数になります。一般に、静摩擦係数は動摩擦係数よりも大きくなります。したがって、増締め開始時の締付けトルク$T_2$は、図3-11に示すように一時的に大きくなります。そのため、最初の締付け終了時のトルク$T_1$で増締めを行っても、ボルトは動かず、全く無意味な作業を行っているにすぎなくなります。

　そのため、増締めを確実に行うためには、図3-11に示す$T_2$を超えるトルクで締め付けなければなりません。増締めは、締付け終了時のトルク$T_1$よりも大きな増締めトルク$T_2$で締め付けて、ボルトが回転して、初めて実行できるのです。

　では、増締めトルク$T_2$の値は、締付け時のトルク$T_1$に対してどの程度大きな値なのでしょうか。もし、増締めトルク$T_2$が締付けトルク$T_1$よりも極めて大きい場合は、締付け確認のために行う増締め作業で、ボルトを締め付け過ぎ

て破断させる可能性もあります。過去に著者らが調べた実験では、$T_2/T_1$の値は潤滑油により違いはありますが、約1.1〜1.2程度でした[46]。しかし、これもばらつきがあるので、適切な潤滑油を用いる方がいいでしょう。また、増締め時の立ち上がりトルク$T_2$が大きい場合、$T_2$を超えた時点で手動で停止することは困難なので、締め付け過ぎには十分注意が必要です。

**図 3-11** 増締め過程における締付け軸力 $F$ と締付けトルク $T$ の挙動

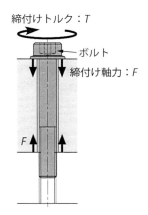

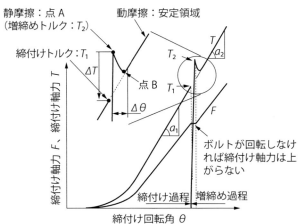

**要点 ノート**

増締めは、ねじ締結体の締付け確認に用います。その際、目標締付けトルクと同じトルクで締め付けてもボルトは回らず、全く無意味な作業になるので注意してください。

# 【3】様々な締付け法

# 回転角法締付け

　トルク法締付けに次いで利用される締付け管理法が、「回転角法締付け」です。回転角法締付けは、第3章1項「ねじ締結体を維持する上での問題と課題」で述べたように、ボルトの弾性域で締結する弾性域締結と、ボルトを塑性変形させるまで締め付ける塑性域締結の両方に利用できます。回転角法締付けの締付け精度は、塑性域締結では目標値に対して±10％程度ですが、弾性域締結ではトルク法締付けと同様に、目標値に対して±20％～±50％と、大きくばらつきます。

　**図3-12**に、ボルトの締付け過程における締付け回転角$\theta$に対する締付け軸力$F$の挙動（$\theta$-$F$線図）を示しています。ボルトを締め付けると、ボルトの座面とねじ面が完全に接触するまで、締付け軸力$F$は最初徐々に上昇します。ボルトのねじ面と座面がめねじや被締結部材と完全に接触する点を、「スナグ点」と呼び、スナグ点以降締付け軸力$F$は急激かつ直線的に上昇します。このときの勾配は、式（$2$-$10$）に示したねじ締結体のばね定数に従います。その後、ボルトは降伏締付け軸力$F_y$に達して塑性変形を開始し、最大締付け軸力$F_u$に到達した後に破断します。回転角法では、第2章2項「ねじ締結体のばね定数」で説明した式（$2$-$9$）の締付け軸力$F$と締付け回転角$\theta$の関係から、スナグ点を基準として目標締付け軸力$F_t$までの目標回転角$\theta_t$を算出し、締付け回転角$\theta$を管理して締め付けを行います。

　回転角法では、回転角$\theta$を管理するので、トルク法で問題であったねじ面および座面の摩擦係数の影響を受けません。しかし、ボルトごとにスナグ点$\theta_{snug}$がばらつきます。また弾性域締結の場合には、締付け軸力$F$と回転角$\theta$の関係が、極めて大きなねじ締結体のばね定数$C$に依存するので、僅かな締付け回転角$\theta$の誤差が、締付け軸力$F$の大きな誤差を招くことになります。

　以下に、弾性域の回転角法締付けの手順を示します。

①まずねじ締結体のばね定数$C$から、図3-12の締付け回転角$\theta$に対する締付け軸力$F$の勾配を算出します。

$$\eta = \frac{P}{360} \left\{ \frac{C_b \cdot C_c}{C_b + C_c} \right\} \tag{3-10}$$

②スナグ点まではトルク法を用いて締め付けます。JIS B1084に従って、統計的手法を用いてトルク係数の最大値$K_{max}$と最小値$K_{min}$を推定し、トルク法の手順でスナグトルク$T_{snug}$を求めます。

③$T_{snug}$および$\eta$を用いて、スナグ点$\theta_{snug}$からの目標回転角$\theta_{t-e}$を求めます。

$$\theta_{t-e} = \frac{1}{\eta}\left\{F_t - \frac{T_{snug}}{K_m \cdot d}\right\} \tag{3-11}$$

**図 3-12** ボルト締結時の締付け回転角$\theta$に対する締付け軸力$F$の挙動

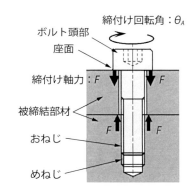

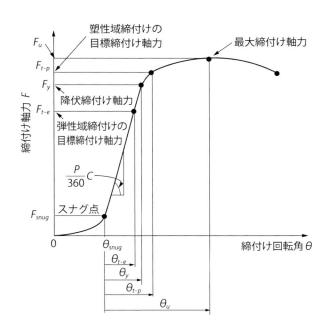

ここで$K_m$は、トルク係数の平均値です。

④締付け作業は、あらかじめ求めた$T_{snug}$までトルクレンチを用いて締め付けた後、$\theta$を管理して目標締付け回転角$\theta_{t\text{-}e}$まで締め付けて完了です。

以上のように、回転角法はねじ面や座面の摩擦係数の影響をほとんど受けませんが、回転角$\theta$の管理が容易ではなく、手動では簡単でないでしょう。また、回転角法を正確に実現するには、$\theta\text{-}F$線図をできるだけ正確に描く必要があります。それには、第3章1項「ねじ面と座面の摩擦係数の計測」で説明したように、ひずみゲージをボルトに埋め込むか貼るかして、校正を行った上で締付け試験をするのが効果的です。

次に、回転角法の塑性域締結について説明します。図3-12において、スナグ点から降伏締付け軸力までの回転角$\theta_y$、最大締付け軸力での回転角$\theta_u$を$\theta\text{-}F$線図から求め、式（3-12）からスナグ点$\theta_{snug}$からの目標締付け回転角$\theta_t$を求めて締め付けます。ここで、回転角法の塑性域締結での締付け軸力のばらつきが小さい理由は、塑性域締結では、多少締付け回転角$\theta$に誤差が出ても、回転角$\theta$に対する締付け軸力$F$の勾配は小さくなっており、ほとんど影響がないからです。

$$\theta_y \leq \theta_t \leq \frac{1}{2}\left(\theta_y = \theta_u\right) \tag{3-12}$$

# 第3章 ねじ締結における問題と対策

## ミニコラム ● 油井管のねじ ●

著者は、以前に油井管を連結する部分のねじ締結について研究を行ったことがあります。油井管は、海底油田の採掘に用いられる長く連結された配管です。油井管は、図に示すような締結部（Rotary Shouldered Connection）と呼ばれるテーパねじ継手によって結合され、締結部には高い強度と機密性が要求されます。したがって、正確な締結管理が求められます。基本的には、トルク管理で締付けが行われていますが、ここでも通常のボルトやナットと同じように、ねじ面や座面の摩擦係数のばらつきが問題となります。

ねじ締結は、様々な分野で活躍していますが、どこでも抱えている問題は同じのようです。

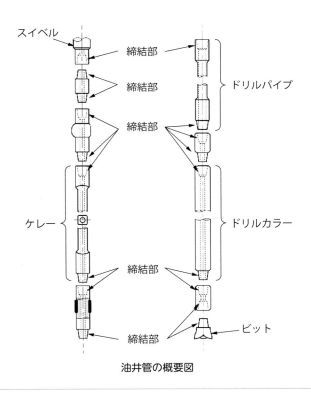

油井管の概要図

## 要点 ノート

回転角法締付けは、ボルトもしくはナットの回転角を管理して締め付けるので、ねじ面と座面の摩擦係数の影響を受けません。しかし、目標締付け回転角で正確に停止するのが難しいので、十分な注意を払う必要があります。

# 【**3** 様々な締付け法

# トルク勾配法締付け

　トルク勾配法締付けは、降伏締付け軸力$F_y$を超えて、ボルトが塑性変形を開始した直後まで締め付ける方法であり、目標締付け軸力$F_t$はボルトの強度区分（材料特性）と軸径に依存します。したがって、トルク法や回転角法と異なり、目標締付け軸力$F_t$を自由に選ぶことはできません。しかし、ボルトが降伏締付け軸力$F_y$を超えた直後で締め付けを完了するので、ねじ面や座面の摩擦係数やねじ締結体のばね定数の影響を受けず、締付け精度は目標値に対して±10％と、比較的高精度な締結が可能です。

　**図3-13**に、締付け回転角$\theta$に対する締付けトルク$T$および締付けトルク勾配$dT/d\theta$の挙動を示しています。締付け軸力$F$と締付けトルク$T$は、ボルトが塑性変形を開始しても、基本的には線形関係を保ちます。したがって、締付けトルク$T$は、スナグ点まで徐々に上昇し、スナグ点以降では図3-12の締付け軸力$F$の挙動と同様に、締付けトルク$T$は直線的に増加します。その後、ボルトが降伏締付け軸力$F_y$を超えて塑性変形を開始すると、締付けトルク$T$の勾配は低下します。

　この一連の過程における締付けトルクの勾配$dT/d\theta$は、スナグ点までに急激に上昇し、その後ボルトが弾性変形している間は、ほぼ一定値を保ちます。ボルトが降伏締付け軸力$F_y$を超えて、ボルトの全断面で塑性変形を開始すると、$dT/d\theta$は急激に低下します。

　トルク勾配法では、図3-13に示す$dT/d\theta$が急激に上昇し、一定値を保った後に急激に低下する際、$dT/d\theta$が最大値の2/3〜1/2まで低下した時点で締め付けを終了します。

　この方法は、トルク勾配を利用してボルトの降伏締付け軸力$F_y$を超えた直後を目標締付け軸力$F_t$として締め付けるので、締付け軸力$F$のばらつきは目標値に対して±10％とトルク法に比べると大幅に小さくなります。一方、目標締付け軸力$F_t$を選ぶことはできず、締結後の締付け軸力$F$は極めて高くなるので、被締結部材の座面陥没には十分気をつけなければなりません。また、締付けトルク$T$と締付け回転角$\theta$を測定し、トルク勾配$dT/d\theta$を算出しながら締め付けるので、手動での締付けは困難です。なお、回転角法における塑性域締結

122

とは異なり、ボルトにそれほど大きな塑性変形を生じないので、再使用、再締付けは可能であり、自動車部品などで広く用いられています。

| 図 3-13 | ボルト締結時における締付け回転角に対する締付けトルクと締付けトルク勾配の挙動（JIS B1083） |

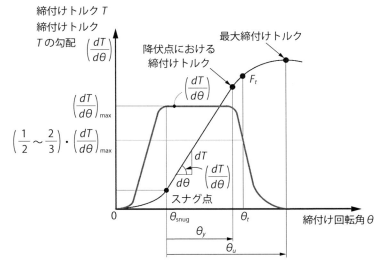

**要点 ノート**

トルク勾配法締付けは、締付け回転角に対する締付けトルクの勾配を管理しながら締め付けるので、ねじ面と座面の摩擦係数や、ねじ締結体のばね定数の影響を受けず、比較的高精度な締付けが可能です。

## 3 様々な締付け法

# その他の締付け法

　JIS B1083に規定されている3つの締付け管理方法以外に、これまで多くの締付け法が提案されています。しかし、一部の特殊な締結を除いて、JIS B1083に規定された締付け管理法以外の方法はあまり使われていません。ここでは、JIS B1083以外の2つの締付け管理方法について紹介します[47]。

**❶熱膨張法**

　舶用エンジンや火力ガスタービンのケーシングなどの大径のボルトの締付けに用いられる方法であり、**図3-14**に示すように、ボルト軸にヒータ挿入用の穴を設け、ボルトの軸を加熱して、ボルトが熱膨張で伸びた状態でナットを締め付ける方法です。大径のボルトの締結は、トルク管理を行うことも容易ではないので、比較的省スペースで実施できる熱膨張法は有効です。

　しかし、加熱により伸びたボルトの収縮で締付け軸力$F$を得るので、熱膨張によるボルトの正確な伸びを計算したとしても、収縮時の被締結部材の圧縮量を評価するのは難しく、正確な締付け軸力$F$の管理はできません。

**❷機械的張力法**

　**図3-15**に示すように、ボルト・ナット締結体において、ナットから突き出

**図 3-14** 熱膨張法の概要図

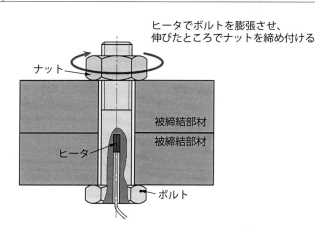

したボルト先端を、油圧を用いて目標締付け軸力まで引張り、その間にナットで締め付けて、その後油圧を解放することで締付け軸力を得る方法です。この方法も、ボルトを伸ばす手段が違いますが、基本的には熱膨張法と同様の原理なので、正確な締付け軸力を得ることは困難です。なお、専用の油圧シリンダなどを必要としますが、熱膨張法と同様に、省スペースでの締付け管理が可能です。

### 図 3-15 | 機械的張力法の概要図

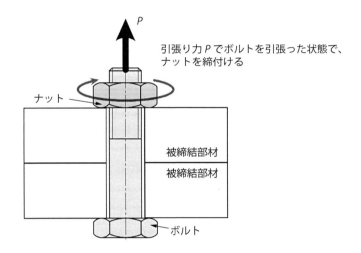

### ミニコラム　●　ねじ締結における人的ミス　●

　ねじ締結体において、強度を確保する上で最も重要な事項は「締付け管理」です。ねじ締結体に適正な締付け軸力を与え、また保持できれば、ねじ締結体に起因した事故の多くは防止できます。これまで、締付け管理法の技術的問題などを説明してきましたが、ねじ締結体の事故原因として忘れてはいけないのが、「締め忘れ」という人的ミスです。締め付けるボルトの数が少なければ、締め忘れなどはあまり起きないでしょうが、多くのボルトを締付け中に、電話を受けたり話しかけられたりすると、どうしても締め忘れが起きてしまいます。最近では、このような締め忘れを防止するためのレンチなどが販売されています。

### 要点 ノート

**JIS B1083 に規定された締付け管理法以外に、多くの締結法が提案されています。ここでは、大径のボルトの締結に適した熱膨張法と機械的張力法を紹介しました。**

# 【3 様々な締付け法

# 弾性域締付けと塑性域締付け

　さて、JIS B1083に規定されている3つの締付け管理方法を中心に、いくつかの締付け方法を紹介しましたが、ここでは、弾性域締付けと塑性域締付けについて説明します。

　**図3-16**に、ボルトの締付け過程における締付け回転角$\theta$に対する締付け軸力$F$の挙動（$\theta$-$F$線図）を示しています。図3-12にも同様の図を示しましたが、ボルトを締め付けると、締付け軸力$F$はスナグ点まで徐々に上昇した後、ねじ締結体のばね定数に依存して急激かつ直線的に上昇します。このとき、ボルトの第1ねじ谷底を中心に、ねじ谷底には局所的な塑性変形を生じます。その後、ボルトのねじ谷底での塑性変形が、ボルトの断面全体に広がってボルトは降伏締付け軸力$F_y$を迎え、締付け軸力$F$の勾配が低下して最大締付け軸力$F_u$に到達した後に破断します。弾性域締付けとは、スナグ点以降、降伏締付け軸力$F_y$までの間で締め付けることを指します。それに対して塑性域締付けとは、降伏締付け軸力$F_y$以降で式（*3-12*）の範囲で締め付けることを指します。

　弾性域締付けの場合は、ボルトの第1ねじとその周辺のねじ底を除いて塑性変形を生じていないので、ゆるめるとボルトの変形は基本的に元に戻ります。したがって、何度でも締付けとゆるめが可能になります。

　それに対して塑性域締付けは、ボルトの断面全体で塑性変形を生じているので、ボルトは最初の状態から永久伸びを生じています。しかし、塑性域まで締め付けた後にゆるめた場合、締付け軸力$F$は図3-16の灰色の破線で示すように、弾性域と同じ傾きで下がり、変位は回復します。ただし、締付け軸力$F$が0になったとき、ボルトには永久伸びが残ります。この後、再度締め付けると、締付け軸力$F$は灰色の破線に従って上昇し、弾性的な振る舞いをします。したがって、ボルトは永久伸びが残ってはいるものの、最初のボルトと同じように弾性域締付けや塑性域締付けが可能になります。ただし、繰り返し何度も塑性域締付けをした場合には、ボルトに残る永久伸びが増加し、いずれ破壊を起こすことになります。

　塑性域締付け（トルク勾配法締付け）は、エンジンのクランクシャフトとピストンを連結するコンロッドの締結に使用されたりします。その場合には、一

第3章 ねじ締結における問題と対策

旦塑性域締結をして加工した後に外し、クランクシャフトに取り付けて再度塑性域締付けを行います。

**図 3-16** ねじ締結体の締付け過程（弾性域締結と塑性域締結）

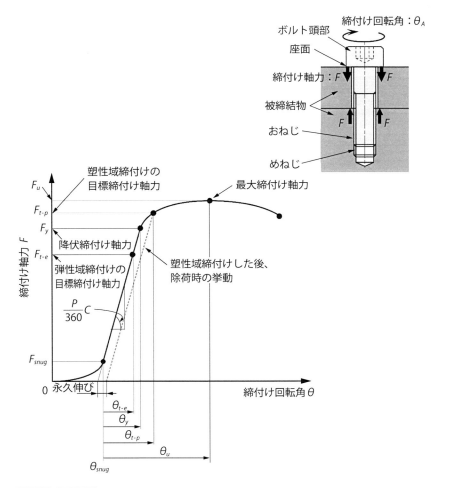

> **要点ノート**
> 弾性域締付けと塑性域締付けの違いは、締付け軸力によるボルトの変形が弾性域か塑性域かどうかです。用途に応じて、どちらが適切であるかは決まりますが、塑性域締結であっても、再締付けは可能です。

## 【4】 メンテナンスのポイント

# 戻り回転を伴わない
# ゆるみ発生時の処置

　メンテナンス時にボルトやナットを取り外して、被締結部材の表面に明らか
な陥没や摩耗が観察された場合、再度組み立てを行う前に、次に陥没を起こさ
ないための処置をしておく必要があります。その際、必ず何が原因で陥没や摩
耗を生じたかを明らかにしなければなりません。ここでは、メンテナンス時に
ボルト座面やナット座面で生じた陥没の原因究明と対策のステップを記します。

### ❶締付け軸力の確認

　まず、設計上規定した締付け軸力$F$で締め付けられていたかを確認します。
締付けトルク$T$の計算に用いたねじ面の摩擦係数$\mu_{th}$と座面の摩擦係数$\mu_b$は正
しかったか、もし測定していなければ、実際のねじ締結体で測定すべきです。
またねじ部トルク$T_{th}$の測定が難しければ、総合摩擦係数$\mu_{tot}$だけでも測定すべ
きです。ここでは、できるだけ確からしい締付け軸力$F$の確認をすべきでしょ
う。

### ❷接触面圧の確認

　上記で把握した締付け軸力$F$の最大値が作用した際に、被締結部材座面で陥
没しないか、すなわち締付け軸力$F$の最大値が作用した際の接触面圧が限界面
圧を超えていなかったかを確認します。

①接触面圧が限界面圧を超えている場合

　図3-17に示すように、ボルト座面およびナット座面に、表面硬さが十分に
確保され、上下面の並行度が出ている平ワッシャを用いて、被締結部材表面の
陥没を防止します。なお、この場合には、ばね座金の使用は適切ではありませ
んし、被締結部材よりも軟らかい平座金の使用も適切ではありません。

②接触面圧が限界面圧を超えていない場合

　ボルト座面とナット座面の接触面圧が限界面圧を超えていない場合は、使用
中にねじ締結体に作用する外力や、ボルトと被締結部材の熱膨張差により、陥
没を生じた可能性があります。まず、ボルトと被締結部材の材質を確認してみ
てください。ボルトと被締結部材が同材種、もしくはボルトの方が被締結部材
よりも線膨張係数が大きい場合には、熱膨張差による締付け軸力$F$の上昇が座
面陥没の原因ではありません。次に、使用時にどのような外力が作用し、どの

程度の大きさであったかを確認してください。ねじ締結体の内外力比を考慮して、外力が作用した際にボルト首下座面およびナット座面での接触面圧が、被締結部材の限界面圧を超えていなかったかを確認してください。

もし被締結部材の限界面圧を超えている場合には、②と同じ対応を行ってください。

③被締結部材の限界面圧の把握

ねじ締結体に外力が作用した際、ボルト座面およびナット座面での接触面圧が被締結部材の限界面圧を超えていなかった場合、どの程度の大きさの外力が作用すれば、被締結部材の限界面圧を超えたのかを把握し、その可能性があったかについて検討してください。

以上の対応を行い、陥没の原因や防止対策を検討します。

次に、メンテナンス時に被締結部材間、被締結部材とボルト座面、または被締結部材とナット座面での摩耗について示します。

①メンテナンス時は、必ず被締結部材間、被締結部材とボルト座面、被締結部材とナット座面での摩耗の状況を確認します。もし、明らかにすべりを生じた痕があり、摩耗痕がある場合には、戻り回転を伴うゆるみが発生する可能性があります。

②すべりが確認できた場合には、締付け軸力$F$が締付け時から不十分であった、もしくは使用中に摩耗などにより締付け軸力$F$が低下した可能性があります。したがって、十分な締付け軸力$F$で締結するようにします。

**図 3-17** 弾性域締結と塑性域締結

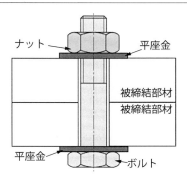

**要点 ノート**
座面の陥没や接触面の摩耗による締付け軸力の低下である戻り回転を伴わないゆるみが生じた場合、原因を明確にし、有効な対策を施す必要があります。

## 【4 メンテナンスのポイント

# 戻り回転を伴う
# ゆるみ発生時の処置

　戻り回転を伴うゆるみが発生するような、大きな振動が作用するねじ締結体では、ボルトやナットが戻り回転してゆるんだか、ゆるんでないかを確認する印をマーカーであらかじめ付けておきます。メンテナンス時に、そのマーカーがずれている場合には、戻り回転が発生していたことになります。その際は、必ず何が原因で戻り回転が発生していたかを明確にしておく必要があります。ここでは、その原因追求のステップと対策を記します。

①戻り回転が確認された場合には、まず「戻しトルク」を計測します。その際、できるだけゆっくりと、ねじ締結体に軸力がまだ残っているかを把握しながらゆるめてください。

②前節と同様に、設計上規定した締付け軸力$F$で締め付けられていたかを確認します。戻り回転を伴うゆるみの発生は深刻な問題です。締付けトルク計算時に、ねじ面の摩擦係数$\mu_{th}$や座面の摩擦係数$\mu_b$を測定せずに仮定していたのであれば、実際に測定してください。少なくとも、総合摩擦係数$\mu_{tot}$はねじ締結体そのもので計測するべきです。

　上記の調査を行った後、締付け軸力$F$が不十分であった場合には、再度適正な目標締付け軸力を求めた上で、目標締付けトルクを算出し、適切な締付け作業を行ってください。

③ねじ締結体に、どの方向からどの程度の外力が作用していたかを、すべり痕などを手がかりに調べてみます。戻り回転を伴っている場合には、被締結部材間、被締結部材とボルト座面、被締結部材とナット座面で僅かなすべりを生じていると思います。複数のボルトで締結した状態で、一部のボルトだけがゆるんでいる場合には、周辺のボルトの戻しトルクを測定しておいてください。

　ねじ締結体の軸直角方向や軸回り方向に明らかなすべりが観察された場合には、締付け軸力$F$の見直しによる被締結部材間の摩擦力の増加で、そのすべりが改善されるかを検討して下さい。もし、すべりの発生を抑えることができるかを判断できない場合には、ボルトの本数を増やせるか、リーマボルトを使用して、被締結部材間ですべりを生じないようにできるかなどの対策を総合的に検討します。

当然ですが、戻り回転を伴うゆるみを防止するには、ゆるみ防止ナットの使用も有効です。**図3-18**に、ダブルナットによるゆるみ防止とプリベリングトルクナットによるゆるみ防止の概要図を示しています。ダブルナットの使用方法については次節で説明しますが、ダブルナットは適切な締結により戻り回転を防止することができます。また、プリベリングトルクナットは、ナット上部に設けられた板が締結でかしめられてゆるみを防止します。

これらの他に、多くのゆるみ防止部品が提案されています。それらの中から選定される場合は、締付け時に締付け軸力$F$の管理ができるかを、1つのファクタにして選定するといいと思います。なぜなら、戻り回転を防止できても、締付け軸力$F$をきちんと与えることができなければ本末転倒だからです。また、締付け軸力$F$の低下を補うためにばね座金を使用することは、ねじ締結体のばね定数から考えるとあまり意味を持ちません。

**図 3-18 ダブルナットとプリベリングトルクナット**

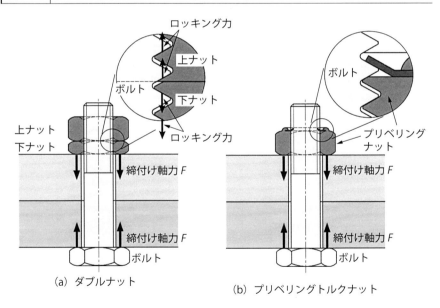

(a) ダブルナット　　(b) プリベリングトルクナット

**要点 ノート**

戻り回転を伴うゆるみは、極めて深刻なゆるみです。メンテナンス時にそれに気づかずに放置すると大事故につながります。戻り回転を伴うゆるみの発生が確認された場合は、徹底的な原因究明を行い、対策を施してください。

## 【4】メンテナンスのポイント

# ダブルナットの締付け法

　本節では、ゆるみ防止として建設現場や大型構造物などで用いられるダブルナットについて、その締結の方法を説明します。

　ダブルナットは、**図3-19**の上側のねじ部詳細図に示すように、上ナットによりねじ面を上に引き上げ、下ナットによってねじ面を下に押し下げることで、上ナットと下ナットの間にロッキング力を発生し、ロッキング力により戻り回転を防止します。したがって、ロッキング力が不十分な場合はダブルナットに全く意味はなく、ロッキング力が不十分な状態でゆるみ試験を行うと、2つのナットが一緒に戻り回転をしてゆるみます。

　ダブルナットの締結法には、上ナット正転法と下ナット逆転法の2つの方法があります。これらの方法の中で、上ナット正転法は締結が難しく、現実的に使用されないので、ここでは下ナット逆転方について説明します。

　図3-19に、下ナット逆転法の締結手順を示しています。

①まず下ナットを軽く締結します。このとき、トルク法などによる締付け管理は行いません。

②その後、下ナットの回転を固定して、上ナットをトルク法などによって締付け管理をしながら締め付けます。このとき、ボルトは上ナットにより引き上げられており、下ナットのねじ面はほぼ接触していない状態です。

③上ナットの回転を固定して、下ナットを逆転させてゆるめていきます。下ナットの逆回転が動かなくなった時点で、最後に強く逆回転させてロッキング力を付与します。ロッキング力を付与する際、上ナットは決して動かさないでください。上ナットが動かない限り、基本的には締付け軸力に大きな変化はありません。

　これがダブルナットの締結法です。案外知らずにダブルナットを締めている方が多いと思います。これを機会に、正式な方法でダブルナットを締めてください。

第3章 ねじ締結における問題と対策

## 図 3-19 ダブルナットの締結法

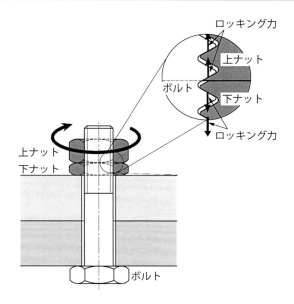

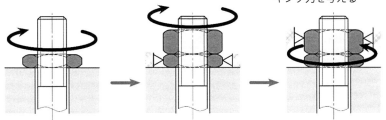

①下ナットの締結　②下ナットの回転を固定して、上ナットを締結する　③上ナットの回転を固定して、下ナットを逆転させて、ロッキング力を与える

### 要点ノート

ダブルナットはゆるみ防止の手段としては有効ですが、正確な締付け方で締め付けられていなければ、ただナットが2つ並んでいるだけです。ダブルナットの生命線はロッキング力なので、正確に締め付けてください。

133

# 【4 メンテナンスのポイント

# ボルトの疲労破壊が発生した場合の処置

　ねじ締結体において、ボルトなどのおねじ部品に疲労破壊が生じた場合、そのねじ締結体で組立てられていた部品は分解し、大事故につながりかねません。したがって、ねじ部品の疲労破壊は必ず防がなければなりません。しかし、疲労破壊が発生してしまうことがあります。その際は、次に同じ疲労破壊を起こさないように、疲労破壊発生の原因を明らかにし、適切な対応を行わなければなりません。

①疲労破壊発生後のボルトやナットと被締結部材が接触していた座面部を観察し、戻り回転を伴うゆるみが発生していたかを調べます。締付け時の回転方向のすべり痕だけでなく、ある任意の方向にすべり痕があるかに着目すると、ゆるみの発生が確認できることがあります。

②疲労破壊した破面を観察し、どちらの方向からき裂が発生し進展しているかを調べます。軸方向振動やオフセット荷重振動による疲労破壊であれば、一方向から疲労き裂が伸びています。またボルトが軸直角方向振動を受けていた場合には、疲労き裂はボルト破面の両側から進展しています。

③設計上規定した締付け軸力$F$で締め付けられていたかを確認します。締付けトルクを計算した際に用いたねじ面と座面の摩擦係数を仮定していたのであれば、実際にボルトにひずみゲージを貼付するなどして、ねじ面の摩擦係数$\mu_{th}$と座面の摩擦係数$\mu_b$を計測してください。できるだけ締結当初の確からしい締付け軸力$F$の値を導出してください。

④複数のボルトで締結されていて、一部のボルトだけが疲労破壊している場合、周辺のボルトの戻しトルクを測定します。また、締付け記録などがあれば、破壊したボルトが正確に締め付けられていたかを確認してください。

⑤被締結部材の座面などのすべり痕や、疲労破面の観察結果から、繰返し外力がねじ締結体にどの方向からどの程度の大きさで作用していたかを推測します。外力の方向はある程度わかると思いますが、外力の大きさまではわからないかもしれません。ただ、できるだけ様々な情報を集めて検討します。

　これらの情報を集めた上で、疲労破壊の原因として、ゆるみが発生していたか、ねじ締結体に作用していた外力はどのような方向から作用していたか、ね

じ締結体はしっかりと締め付けられていたか、などについて検討し、様々な方向から総合的に疲労破壊の原因を究明してください。疲労破壊の原因は様々なので、本書で中途半端な判断はできませんが、十分な状況証拠を集めて原因を突き止めることが必要です。

さて、ボルトの疲労破壊を防止する方法として、よく取られる対策に以下のような項目があります。その中で一番確実な対策は、ボルトサイズを大きくすることです。できれば最後の手段として考えてもらいたいのですが、やはりボルトを大きくし、ボルトの断面に作用する応力を小さくすることは、破壊を防止する上では有効です。

しかし、その際に必ず忘れてはならないのが、ボルトサイズに合わせて目標締付け軸力を上げて、その目標締付け軸力に合わせて目標締付けトルクを計算し直すことです。また、強度区分の変更については、ボルト単体の疲労強度自体は、強度区分を上げても静的な強度ほどは大きく向上しません。しかし、強度区分を上げることで締付け軸力を上げることができます。もし、締付け軸力が低くてゆるみや疲労破壊が発生したのであれば、この対策も有効になりますが、十分な検討は必要です。

①図3-20に示す伸びボルトの使用など、内外力比の低減
②ねじの応力集中の低減
③ボルトサイズの変更と締付けトルクの再計算
④強度区分の変更と締付けトルクの再計算

**図 3-20** 疲労破壊への対処法

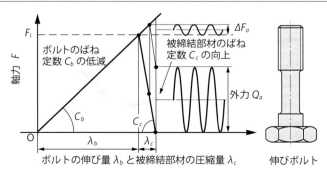

**要点 ノート**

ねじ締結体の疲労破壊の原因を究明することは容易ではありません。しかし、疲労破壊が発生した場合には、その原因究明を中途半端で終わらせてはなりません。大事故につながる前に、一つ一つの原因究明と対策が重要です。

# 【4 メンテナンスのポイント

# ねじ締結体の維持管理の方法

　ねじ締結体をしっかりと締め付けても、使用中に戻り回転を伴うゆるみや戻り回転を伴わないゆるみの発生など、締付け軸力$F$が低下することがよくあります。そのためメンテナンス時には、ねじ締結体にゆるみが生じているかについて確認する必要があります。ゆるみといっても、締付け直後の締付け軸力に対して、どの程度締付け軸力$F$が低下したかを確認しなければなりません。

　ねじ締結体の締付け軸力を測定する方法として、現在広く用いられているのは、超音波による締付け軸力測定です[48]。図3-21（a）に、超音波による締付け軸力測定の原理を示しています。超音波による締付け軸力測定では、ボルト頭部から入射した超音波がボルト先端で反射し、戻るまでの時間から締付け軸力$F$を測定します。したがって、あらかじめ締め付ける前の超音波伝達時間を調べておき、校正線図を求めておく必要があります。また、超音波を入射するボルト頭部と超音波を反射するボルト先端面との平行度を確保し、表面粗さを小さくしておかなければなりません。この方法は、測定器の価格も高く、ボルト精度や校正などの手間がかかりますが、正確に締付け軸力$F$を測定できます。

　同図（b）に、著者らが開発中の締付け軸力検出レンチを示しています[49]。このレンチは、締結後のボルト・ナット締結体において、ナット上面を押さえてボルト先端のねじ部に引張力を負荷することで、引張力が締付け軸力$F$と等しくなった時点で、着力点の変位に対する引張力の関係が変化することから締付け軸力$F$を測定します。現在はまだ開発段階ですが、測定原理がシンプルであることから、比較的安価で有効な締付け軸力の測定の手段として期待できます。

　以前から広く行われている「打音検査」は、ボルトやナットをハンマで叩き、その音からゆるみ状況を把握する方法です。この方法は、ボルトがしっかりと締まっている状態と、見た目上は締まっているが締付け軸力がほぼ消失しかけている状況の違いを把握することはできます。しかし、締付け軸力$F$が$F=35\,\mathrm{kN}$から$F=25\,\mathrm{kN}$まで低下しています、というレベルでの測定は困難です。打音検査は、熟練の方の経験があってこそ成り立つ方法です。これからは人間の感覚に依存しない明確な測定が求められます。

## 第3章 ねじ締結における問題と対策

**図 3-21** 締付け軸力の検出レンチ

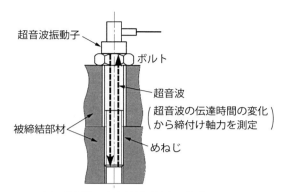

(a) 超音波による締付け軸力の検出

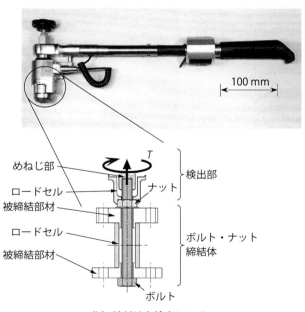

(b) 締付け力検出レンチ

> **要点ノート**
>
> ねじ締結体の締付け軸力の検査方法としては、超音波による方法などいくつか方法があります。メンテナンス時に、締付け軸力を正確に測定できれば、事故の防止に大きく役立ちます。

## 【4 メンテナンスのポイント

# ボルトの遅れ破壊

　ねじ締結体において、"遅れ破壊"は、疲労破壊と同様に予期せず破壊が発生することから大きな事故を招きやすい重要な問題です。したがって、使用する側として何が問題であるかを概略的にも知っておく必要があります。ここでは、遅れ破壊の概略について説明します。

　遅れ破壊は、材料強度学において、疲労破壊、クリープ破壊とともに、時間依存型破壊の一つである応力腐食割れSCCの一つです[50]。

　ねじ部品における遅れ破壊発生の原因である水素侵入の模式図を、**図3-22**に示しています。ボルトの遅れ破壊は、ボルトの製造におけるめっき工程で水素が侵入する場合と、使用環境から水素が侵入する場合の2つに分けられます。製造工程での水素侵入が原因とされる遅れ破壊は、めっきボルトやタッピンねじなどで発生し、使用環境から侵入する水素が原因となる遅れ破壊は、摩擦接合用高力ボルトで発生しています[51]。遅れ破壊は、引張応力と鋼材中の水素の存在が発生の条件と考えられているので、ボルトなどのねじ部品では、締め付けてから発生します。したがって、ねじ締結体にとっては、極めて厄介な現象になります。

　遅れ破壊を防止するには、まず製造工程での水素の侵入に対して、適切なめっき液を選び、めっき後に十分なベーキング処理を行うことが有効になります。どちらにしても、ねじ部品の使用者としては、ねじ製造者にしっかりと対応をお願いすることしかできません。使用者側の対応としては、できるだけ応力集中を下げ、高い応力にさらされる部分を少しでも減らすことが求められます。しかし、これまで締付け軸力はできるだけ高い方が良いといってきたこととは逆になります。したがって、腐食環境にさらされなければ締付け軸力は高くし、腐食環境にさらされる場合は、締付け軸力を見直す必要があるかもしれません。これには十分な検討が必要です。また、ねじ締結体やその周辺に水を溜まりにくくしたり、締結後に塗装を行なったりして、ねじ締結体が湿潤環境にさらされないような構造にしたり、さらされないよう配慮をすることは有効です。

　さて遅れ破壊の特性は、遅れ破壊促進試験によって行われます。遅れ破壊促進

試験方法には、大きく「外部水素起因型」と「内部水素起因型」があります[52]。

外部水素起因型促進試験法には、締付け板にボルトを締め付けて各環境にさらす「ボルト締付け暴露試験」や、弱酸性の試験環境にさらす「酸中遅れ破壊試験」、大気や雨水にさらされた環境を模擬して行われる「水中切欠き引張方式遅れ破壊試験」、締め付けたボルトを回転する試験機に取り付けてpH1の硫酸水溶液中への10分間の浸漬と50分間の乾燥を繰り返す「カンラン車方式遅れ破壊試験」があります。この中でボルト締付け暴露試験は、促進試験というよりもねじ締結体が実際にさらされる環境に近い状態で行う試験であり、破壊までに長時間を要する可能性があります。

内部水素起因型促進試験には、酸洗いやめっき工程における水素侵入を模擬した「酸大気方式遅れ破壊試験」や、電気めっきボルトにおいてめっき前に行われる酸洗いでの水素侵入に対する「電気めっきボルトの遅れ試験」などがあります。

**図 3-22** 遅れ破壊のメカニズム（ねじ締結ガイドブックより[51]）

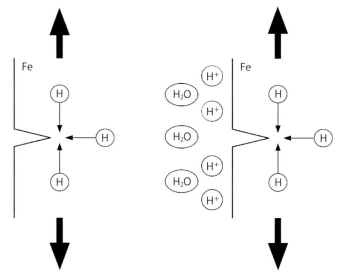

製造工程での水素侵入　　　使用中の環境からの水素侵入

**要点 ノート**

ボルトの遅れ破壊は突然発生するので、大きな事故を招きかねません。遅れ破壊には、水素の存在と引張応力が発生の条件になりますので、ねじ締結体を湿潤環境にさらすことなどは避ける必要があります。

## 【参考文献】

### 第1章

1) 日本材料学会：機械設計法，公益社団法人日本材料学会，pp.67-112，（2015）．

2) 門田和雄：絵とき「ねじ」基礎のきそ，日刊工業新聞社，pp.10-15，（2017）．

3) 田中眞奈子，北田正弘：江戸時代に製造された火縄銃の金属組織，日本金属学会誌，73-10，pp.778-785，（2009）．

4) ねじ入門書作成委員会，ねじ入門書，一般社団法人日本ねじ工業協会，pp.9-16，（2003）．

5) 日本規格協会：JIS B 0205-1 一般用メートルねじ－第1部：基準山形，（2011）．

6) 日本規格協会：JIS B 0206 ユニファイ並目ねじ，（1973）．

7) 門田和雄：絵とき「ねじ」基礎のきそ，日刊工業新聞社，pp.100，（2017）．

8) 賀勢晋司，他8名，日本ねじ研究協会：新版 ねじ締結ガイドブック，日本ねじ研究協会，（2018）．

9) 山本 晃，ねじ締結の原理と設計，養賢堂，（1995）．

10) 吉本 勇編，ねじ締結体設計のポイント，日本規格協会，（1997）．

11) ねじ入門書作成委員会，ねじ入門書，一般社団法人日本ねじ工業協会，pp.24-31，（2003）．

12) 日本規格協会：JIS B 0002-1 製図－ねじ及びねじ部品－第1部：通則，（1998）．

13) 川北和明監修，有吉省吾，竹之内和樹：JIS機械製図法 第6版，朝倉書店，p.104，（2007）．

14) 日本規格協会：JIS B 1051 炭素鋼および合金鋼製締結用品の機械的性質－強度区分を規定したボルト，小ねじ及び植込みボルト－並目ねじ及び細目ねじ，（2014）．

15) 日本規格協会：JIS B 1052-2 炭素鋼及び合金鋼製締結用部品の機械的性質－第2部：強度区分を規定したナット－並目ねじ及び細目ねじ，（2014）．

16) 日本材料学会：改訂 材料強度学，pp.8-22，（2015）．

17) 橋村真治：トラブルを未然に防ぐ ねじ設計法と保全対策，日刊工業新聞社，pp.30-33，（2014）．

18) 日本材料学会：疲労設計便覧，養賢堂，p386，（2014）．

19) ねじ入門書作成委員会：ねじ入門書，一般社団法人日本ねじ工業協会，pp.9-16，（2003）．

20) 日本規格協会：JIS B 1054 耐食ステンレス鋼製締結用部品の機械的性質－第1部：ボルト，ねじおよび植込みボルト，（2013）．

21) 日本規格協会：JIS B 1057 非鉄金属製ねじ部品の機械的性質，（2001）．

22) 日本ねじ工業協会：ねじの常識・非常識，ねじ，No.3，pp.20-21，（2010）．

23) S. Hashimura et.al.：Tightening Characteristics of Nonferrous Bolts and Usefulness of Magnesium Alloy Bolts, Proceedings of the SAE 2012 World Congress, Detroit, Michigan, Technical Paper No.2012-01-0476, April，（2012）．

24) 日本ねじ研究協会：FRS9901A 締結用部品の機械的性質－純チタン製ねじ部品，（2008）．

25) 日本ねじ研究協会：FRS0701 締結用部品の機械的性質－Ti-6Al-4Vチタン合金製ねじ部品，（2007）．

26) 日本規格協会：JIS B 3102 ねじ用限界ゲージの形状及び寸法，（2001）．

27) 日本規格協会：JIS B 0271 ねじ測定用三針及びねじ測定用四針，（2004）．

## 第2章

28) 日本ねじ研究協会出版委員会：新版 ねじ締結ガイドブック，日本ねじ研究協会，pp. 39-63，（2008）．

29) 橋村真治：トラブルを未然に防ぐ ねじ設計法と保全対策，日刊工業新聞社，pp. 40-43，（2014）．

30) 川井謙一，他3名訳：VDI2230（2014）高強度ねじ締結の体系的計算方法，日本ねじ研究協会，pp. 27-50，（2018）．

31) 日本ねじ研究協会出版委員会：新版 ねじ締結ガイドブック，日本ねじ研究協会，pp. 101-119，（2008）．

32) 酒井 智次：ねじ締結概論，養賢堂，p.162，（2000）．

33) 橋村真治：トラブルを未然に防ぐ ねじ設計法と保全対策，日刊工業新聞社，pp. 90-91，（2014）．

34) 日本材料学会：改訂 材料強度学，pp.88-143，（2015）．

35) 吉本 勇編：ねじ締結体設計のポイント，日本規格協会，pp.143-145，（1997）．

36) 山本 晃：ねじ締結の原理と設計，養賢堂，pp.147-167，（1995）．

37) 中村 眞実，他3名：中高強度鋼の疲労限度に及ぼす平均応力および応力集中の影響，材料，65巻 3号 pp. 228-232，（2016）．

38) E. A. Patterson and B. Kenny, The Optimisation of The Design of The Nut with Partly Tapered Threads, Journal of Strain Analysis, Vol.21, No.2, pp.77-84,（1986）．

## 第3章

39) 日本規格協会：JIS B 1083 ねじの締付け通則，（2008）．

40) 吉本 勇編：ねじ締結体設計のポイント，日本規格協会，p.175，（1997）．

41) 橋村真治，他3名：ボルト座面直角度が座面摩擦係数と締付け精度に及ぼす影響，トライボロジスト，No. 61，Vol. 12，pp.882-892，（2016）．

42) 日本規格協会：JIS B 1180 六角ボルト，（2004）．

43) 日本規格協会：JIS B 1189 フランジ付六角ボルト，（2005）．

44) 日本規格協会：JIS B 1084 締結用部品－締付け試験方法－，（2007）．

45) 橋村 真治，他3名：ボルトの締付け過程における座面摩擦係数の挙動，日本機械学会論文集（C編），Vol.66，No.647，pp.2388-2394，（2000）．

46) 辻 洋：ねじの締付け管理が楽に！正確に！，日経メカニカル，No.561，pp.20-23，（2001）．

47) 橋村 真治，他4名：ボルト締結体の増締めに関する基礎的研究，日本機械学会2010年年次大会講演会講演論文集，（2010）．

48) 吉本 勇編：ねじ締結体設計のポイント，日本規格協会，pp.186-191，（1997）．

49) 株式会社東日製作所，東日トルクハンドブックVol. 9，pp.480-481，（2019）．

50) 橋村 真治，他3名：増締め用トルクレンチを用いたボルト締結体の締付け力検出レンチの開発，日本機械学会2006年年次大会講演論文集，（2006）．

51) 日本材料学会：改訂 材料強度学，（2015）．

52) 日本ねじ研究協会出版委員会：新版 ねじ締結ガイドブック，日本ねじ研究協会，pp. 39-63，（2008）．

# 【索引】

## 英数字

| | |
|---|---|
| 0.2%耐力 | 27 |
| 12ポイントフランジボルト | 17 |
| ISO | 13 |
| VDI2230 | 68 |
| von Mises説 | 32 |

## あ

| | |
|---|---|
| 亜鉛めっき | 38 |
| アルミニウム合金製ボルト | 42 |
| インプラント | 45 |
| 上ナット正転法 | 132 |
| 運動用ねじ | 14 |
| 永久ひずみ | 26 |
| 円筒部 | 16 |
| 円筒部長さ | 16 |
| 応力 | 24 |
| 応力集中 | 36 |
| 応力集中係数 | 36 |
| 応力振幅 | 82 |
| 応力-ひずみ線図 | 26 |
| 応力腐食割れ | 138 |
| オーステナイト系 | 40 |
| 遅れ破壊 | 60、138 |
| 押えボルト締結体 | 16 |

## か

| | |
|---|---|
| 回転角法 | 96 |
| 回転ゆるみ | 74 |
| 外部水素起因型 | 139 |
| かしめ | 8 |
| 荷重-伸び線図 | 26 |
| かじり | 40 |
| 過大外力によるゆるみ | 74 |
| 陥没ゆるみ | 74 |
| 機械接合 | 8 |

## 

| | |
|---|---|
| 機械的張力法 | 124 |
| 基準のひっかかり高さ | 12 |
| 強度区分 | 28 |
| 切欠き係数 | 84 |
| 偶力 | 47 |
| くさび効果 | 10 |
| 首下長さ | 16 |
| くびれ | 26 |
| グリップ長さ | 17 |
| 黒染め | 38 |
| クロメート処理 | 38 |
| 削出試験片 | 29 |
| 限界面圧 | 75 |
| 鋼種区分 | 40 |
| 降伏応力 | 26 |
| 降伏点 | 26 |
| 小ねじ | 17 |

## さ

| | |
|---|---|
| 最大締付け軸力 | 32 |
| 最大引張強度 | 26 |
| 座面の摩擦係数 | 101 |
| 座面トルク | 100 |
| 三針法 | 50 |
| シェイクダウン | 87 |
| 四三酸化鉄皮膜 | 38 |
| 下ナット逆転法 | 132 |
| 絞り | 26 |
| 締付け係数 | 96 |
| 締付け三角形 | 66 |
| 締付け軸力 | 33、58 |
| 締付け線図 | 58 |
| 締付けトルク | 33 |
| 十字穴 | 18 |
| 修正Goodman線図 | 82 |
| 主応力 | 24 |

**143**

| | |
|---|---|
| 純チタン製ボルト | 44 |
| 初期ゆるみ | 74 |
| 真破断応力 | 26 |
| 垂直応力 | 24 |
| 垂直ひずみ | 26 |
| ステンレス鋼製ボルト | 40 |
| ストリッピング | 60 |
| スナグ（Snug）点 | 72 |
| スパナ | 46 |
| すりわり | 18 |
| 静摩擦係数 | 108 |
| 接着 | 8 |
| せん断応力 | 24 |
| せん断ひずみエネルギー説 | 32 |
| 総合摩擦係数 | 106 |
| 測定用ねじ | 14 |
| 塑性域締結 | 118 |
| 塑性ひずみ | 26 |

### た

| | |
|---|---|
| 第1ねじ谷底 | 36 |
| ダイス | 52 |
| 打音検査 | 136 |
| タッピンねじ | 16 |
| タップ | 52 |
| 縦弾性係数 | 26 |
| 谷径 | 12 |
| 谷底アール | 12 |
| 谷底径 | 12 |
| ダブルナット | 132 |
| 弾性域締結 | 118 |
| チタン合金 Ti-6Al-4V 製ボルト | 44 |
| 着座点 | 72 |
| 調整用ねじ | 14 |
| 締結 | 8 |
| 締結用ねじ | 14 |
| 適正締付け軸力 | 34 |
| 動摩擦係数 | 108 |
| 通しボルト締結体 | 16 |
| 通りねじ側プラグゲージ | 50 |
| 止まりねじ側プラグゲージ | 50 |

| | |
|---|---|
| トルク勾配法 | 96 |
| トルク法 | 96 |
| トルクレンチ | 47 |

### な

| | |
|---|---|
| 内部水素起因型 | 139 |
| 内外力比 | 68 |
| 内力係数 | 68 |
| 二面幅 | 16 |
| ねじ | 8 |
| ねじゲージ | 50 |
| ねじ締結体のばね定数 | 118 |
| ねじのリード角 | 12 |
| ねじピッチ | 10 |
| ねじ部トルク | 100 |
| ねじ部長さ | 16 |
| ねじ部の摩擦係数 | 61 |
| ねじ山せん断破壊 | 60 |
| ねじ山の高さ | 12 |
| 熱的原因によるゆるみ | 74 |
| 熱膨張法 | 124 |
| 伸びボルト | 89 |

### は

| | |
|---|---|
| 破断伸び | 26 |
| 破断までの繰返し数 | 82 |
| はめあい長さ | 17 |

### ひ

| | |
|---|---|
| 非回転ゆるみ | 74 |
| 微小摩耗によるゆるみ | 74 |
| 左ねじ | 13 |
| ひっかかり高さ | 12 |
| ピッチ | 10 |
| 引張試験 | 25 |
| 引張強さ | 26 |
| 被締結部材 | 8 |
| 標点距離 | 25 |
| 平先 | 20 |
| 平ダイス | 52 |
| 疲労破壊 | 59、82 |

| | |
|---|---|
| フェライト系 | 40 |
| 不完全ねじ部 | 16 |
| プラスドライバ | 46 |
| フランク角 | 10 |
| 平均応力 | 82 |
| ベーキング処理 | 138 |
| へたり | 74 |
| 変動係数 | 111 |
| ボールねじ | 14 |
| 保証荷重応力 | 28 |
| ボルト・ナット締結体 | 16 |

## ま

| | |
|---|---|
| マイナスドライバ | 46 |
| マグネシウム合金製ボルト | 44 |
| 増締め | 116 |
| 丸先 | 20 |
| 丸ダイス | 52 |
| マルチマテリアル | 42 |
| マルテンサイト系 | 40 |
| 右ねじ | 13 |
| ミゼスの相当応力 | 24 |
| メートルねじ | 13 |

| | |
|---|---|
| めがねレンチ | 46 |
| 戻しトルク | 108 |
| 戻り回転を伴うゆるみ | 74 |
| 戻り回転を伴わないゆるみ | 74 |

## や

| | |
|---|---|
| ヤング率 | 26 |
| 有効径 | 12 |
| 有効径マイクロメータ | 50 |
| 有効断面積 | 29 |
| ユニクロ | 38 |
| ユニファイねじ | 13 |
| ゆるみ | 59 |
| 溶接 | 8 |
| 呼び | 29 |
| 呼び径 | 12 |

## ら

| | |
|---|---|
| リベット | 8 |
| 六角穴付きボルト | 17 |
| 六角ナット | 16 |
| 六角ボルト | 16 |
| ロッキング力 | 132 |

著者略歴

# 橋村真治 （はしむら しんじ）

芝浦工業大学工学部機械機能工学科材料強度学研究室　教授
博士（工学）

1994年九州大学大学院修士課程修了、同年三菱重工業株式会社入社、2007年久留米
工業高等専門学校准教授、2013年芝浦工業大学工学部 機械機能工学科准教授、2017
年から現職。

**著書**
『トラブルを未然に防ぐ ねじ設計法と保全対策』日刊工業新聞社

NDC 531.44

# わかる！使える！ねじ入門
〈基礎知識〉〈段取り〉〈実作業〉

2019年7月30日　初版1刷発行　　　　　　　定価はカバーに表示してあります。
2024年6月28日　初版3刷発行

| | | |
|---|---|---|
| ©著者 | 橋村 真治 | |
| 発行者 | 井水 治博 | |
| 発行所 | 日刊工業新聞社 | 〒103-8548 東京都中央区日本橋小網町14番1号 |
| | 書籍編集部 | 電話 03-5644-7490 |
| | 販売・管理部 | 電話 03-5644-7403　FAX 03-5644-7400 |
| | URL | https://pub.nikkan.co.jp/ |
| | e-mail | info_shuppan@nikkan.tech |
| | 振替口座 | 00190-2-186076 |
| 制　作 | ㈱日刊工業出版プロダクション | |
| 印刷・製本 | 新日本印刷㈱（POD2） | |

2019 Printed in Japan　　落丁・乱丁本はお取り替えいたします。
ISBN　978-4-526-07987-0　C3053
本書の無断複写は、著作権法上の例外を除き、禁じられています。

# わかる！使える！【入門シリーズ】

日刊工業新聞社

◆ "段取り"にもフォーカスした実務に役立つ入門書。
◆ 「基礎知識」「準備・段取り」「実作業・加工」の "これだけは知っておきたい知識" を体系的に解説。

## わかる！使える！マシニングセンタ入門
〈基礎知識〉〈段取り〉〈実作業〉

澤　武一　著
定価（本体 1800 円＋税）

第 1 章　これだけは知っておきたい　構造・仕組み・装備
第 2 章　これだけは知っておきたい　段取りの基礎知識
第 3 章　これだけは知っておきたい　実作業と加工時のポイント

## わかる！使える！溶接入門
〈基礎知識〉〈段取り〉〈実作業〉

安田　克彦　著
定価（本体 1800 円＋税）

第 1 章　「溶接」基礎のきそ
第 2 章　溶接の作業前準備と段取り
第 3 章　各溶接法で溶接してみる

## わかる！使える！プレス加工入門
〈基礎知識〉〈段取り〉〈実作業〉

吉田　弘美・山口　文雄　著
定価（本体 1800 円＋税）

第 1 章　基本のキ！　プレス加工とプレス作業
第 2 章　製品に価値を転写する　プレス金型の要所
第 3 章　生産効率に影響する　プレス機械と周辺機器

## わかる！使える！接着入門
〈基礎知識〉〈段取り〉〈実作業〉

原賀　康介　著
定価（本体 1800 円＋税）

第 1 章　これだけは知っておきたい　接着の基礎知識
第 2 章　準備と段取りの要点
第 3 章　実務作業・加工のポイント

お求めは書店、または日刊工業新聞社出版局販売・管理部までお申し込みください。

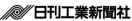
〒103-8548　東京都中央区日本橋小網町 14-1　TEL 03-5644-7410
http://pub.nikkan.co.jp/　FAX 03-5644-7400